"助力乡村振兴，引领质量兴农"

谷物产品质量追溯
实用技术手册

中国农垦经济发展中心　组编

秦福增　韩学军　主编

中国农业出版社

农村读物出版社

北　京

图书在版编目（CIP）数据

谷物产品质量追溯实用技术手册/中国农垦经济发展中心组编；秦福增，韩学军主编 . —北京：中国农业出版社，2019.12

（"助力乡村振兴，引领质量兴农"系列丛书）

ISBN 978-7-109-26320-8

Ⅰ．①谷…　Ⅱ．①中…②秦…③韩…　Ⅲ．①谷物－农产品－质量管理体系－中国－技术手册　Ⅳ．①F326.11-62

中国版本图书馆 CIP 数据核字（2019）第 284852 号

中国农业出版社出版

地址：北京市朝阳区麦子店街 18 号楼

邮编：100125

责任编辑：刘　伟　冀　刚

版式设计：杜　然　责任校对：赵　硕

印刷：北京中兴印刷有限公司

版次：2019 年 12 月第 1 版

印次：2019 年 12 月北京第 1 次印刷

发行：新华书店北京发行所

开本：700mm×1000mm　1/16

印张：10.25

字数：200 千字

定价：58.00 元

丛书编委会名单

主　任：李尚兰

副主任：韩沛新　　程景民　　秦福增　　陈忠毅

委　员：王玉山　　黄孝平　　林芳茂　　李红梅

　　　　刘建玲　　陈晓彤　　胡从九　　钟思现

　　　　王　生　　成德波　　许灿光　　韩学军

总策划：刘　伟

本书编写人员名单

主　　编：秦福增　韩学军

副 主 编：张　明　段余君　张海珍

编写人员（按姓氏笔画排序）：

王亚宁　户江涛　刘　阳　许冠堂

孙明山　杨　宇　张　坤　张　明

张红涛　张海珍　陈　杨　陈　曙

段余君　贺显书　秦福增　韩学军

　　中共十九大作出中国特色社会主义进入新时代的科学论断，我国社会主要矛盾已经转化为人民日益增长的美好生活需要和不平衡不充分的发展之间的矛盾，我国经济已由高速增长阶段转向高质量发展阶段。以习近平同志为核心的党中央深刻把握新时代我国经济社会发展的历史性变化，明确提出实施乡村振兴战略，深化农业供给侧结构性改革，走质量兴农之路。只有坚持质量第一、效益优先，推进农业由增产导向转向提质导向，才能不断适应高质量发展的要求，提高农业综合效益和竞争力，实现我国由农业大国向农业强国转变。

　　21世纪初，我国开始了对农产品质量安全追溯方式的探索和研究，近十年来，在国家的大力支持和各级部门的推动下，农产品质量安全追溯制度建设取得显著成效，成为近年来保障我国农产品质量安全的一种有效的监管手段。产业发展，标准先行。标准是产业高质量发展的助推器，是产业创新发展的孵化器。《农产品质量安全追溯操作规程》系列标准的发布实施，构建了一套从生产、加工到流通全过程质量安全信息的跟踪管理模式，探索出一条"生产有记录、流向可追踪、信息可查询、质量可追溯"的现代农业发展之路。为推动农业生产经营主体标准化生产，促进农业提质增效和农民增收，加快生产方式转变发挥了积极作用。

　　"助力乡村振兴，引领质量兴农"系列丛书是对农产品质量安全追溯操作规程系列标准的进一步梳理和解读，是贯彻落实乡村振兴战略，切实发挥农垦在质量兴农中的带动引领作用的基本举措，也是贯彻落实农业农村部质量兴农、绿色兴农和品牌强农要求的重要抓手。本系列丛书由中国农垦经济发展中心和中国农业出版社联合推出，对谷物、畜肉、水果、茶叶、蔬菜、小麦粉及面条、水产品等大宗农产品相关农业生产经营主体农

1

产品质量追溯系统建立以及追溯信息采集及管理等进行全面解读，并辅以追溯相关基础知识和实际操作技术，必将对宣贯农产品质量安全追溯标准、促进农业生产经营主体标准化生产、提高我国农产品质量安全水平发挥积极的推动作用。

本书秉持严谨的科学态度，在遵循《中华人民共和国农产品质量安全法》《中华人民共和国食品安全法》等国家法律法规以及现有相关国家标准的基础上，立足保安全、提质量的要求，着力推动农产品质量安全追溯向前发展。本书共分为两章：第一章为农产品质量安全追溯概述，主要介绍了农产品质量安全追溯的定义，国内外农产品质量安全追溯发展情况，以及农产品质量安全追溯的实施原则、实施要求等；第二章为《农产品质量安全追溯操作规程　谷物》（NY/T 1765—2009）的解读，并在内容解读的基础上提供了一些实际操作指导和实例分析，以期对谷物生产经营主体的生产和管理具有指导意义。

限于编者的学识水平，加之时间匆忙，书中不足之处在所难免，恳请各位同行和读者在使用过程中予以指正并提出宝贵意见和建议。

编　者

2019 年 10 月

目 录

前言

第一章
农产品质量安全追溯概述

随着工业化以及现代物流业的发展，越来越多的农产品是通过漫长而复杂的供应链到达消费者手中。由于农产品的生产、加工和流通往往涉及位于不同地点和拥有不同技术的生产经营主体，消费者通常很难了解农产品生产、加工和流通的全过程。在农产品对人们健康所造成风险逐渐增加的趋势下，消费者已经逐渐觉醒，希望能够通过一定途径了解农产品生产、加工与流通的全过程，希望加强问题农产品的回收和原因查询等风险管理措施。如何满足消费者最关切的产品品质、安全卫生以及营养健康等需求，建立和提升消费者对农产品质量安全的信任，对于政府、生产经营主体和社会来说，都显示出日益重要的意义。自20世纪80年代末以来，全球农产品相关产业和许多国家的政府越来越重视沿着供应链进行追溯的可能性。建立农产品质量安全追溯制度、实现农产品的可追溯性，现在已经成为研究制定农产品质量安全政策的关键因素之一。

第一节 农产品质量安全追溯简介
一、农产品质量安全追溯的定义

从20世纪80年代末发展至今，农产品质量安全追溯制度在规范生产经营主体生产过程、保障农产品质量安全等方面的作用越来越明显。虽然农产品质量安全追溯制度得到了世界各国的认可与肯定，但至今尚未形成统一的概念。为提高消费者对农产品质量安全追溯的认识，进一步促进农产品质量安全追溯发展，需对农产品质量安全追溯这一术语进行界定。

"可追溯性"是农产品质量安全追溯的最基础性要求，在对农产品质量安全追溯进行定义之前，应先厘清"可追溯性"这一基础概念。目前，"可追溯性"定义主要有欧盟、国际食品法典委员会（CAC）和日本农林水产省的定义。

欧盟将"可追溯性"定义为"食品、饲料、畜产品和饲料原料，在生产、加工、流通的所有阶段具有的跟踪追寻其痕迹的能力"；CAC将"可追溯性"定义为"能够追溯食品在生产、加工和流通过程中任何指定阶段的能力"；日本农林水产省的《食品追踪系统指导手册》将"可追溯性"定义为"能够追踪食品由生产、处理、加工、流通及贩售的整个过程的相关信息"。

根据我国《新华字典》解释，追溯的含义是"逆流而上，向江河发源处走，比喻探索事物的由来"，顾名思义，农产品质量安全追溯就是对质量安全信息的回溯。本书编者在修订农业行业标准 NY/T 1761—2009《农产品质量安全追溯操作规程　通则》过程中，结合当前我国农产品质量安全追溯工作特点以及欧盟、CAC 以及日本农林水产省对"可追溯性"的定义，将农产品质量安全追溯定义为"运用传统纸质记录或现代信息技术手段对农产品生产、加工、流通过程中的质量安全信息进行跟踪管理，对问题农产品回溯责任，界定范围"。

二、国外农产品质量安全追溯的发展

农产品质量安全追溯是欧盟为应对肆虐十年之久的疯牛病建立起来的一种农产品可追溯制度。随着经济的发展和人们生活水平的提高，人民群众对于安全农产品的呼声越来越高、诉求越来越强烈，且购买安全农产品的意愿越来越强。在全球化和市场化的背景下，农产品生产经营分工越来越细，从"农田到餐桌"的链条越来越长，建立追溯制度、保障食品安全不仅是政府的责任、从业者的义务，更是一种产业发展的趋势与要求。从国外农产品质量安全追溯建设情况来看，追溯体系建设主要通过法规法令制定、标准制定和系统开发应用 3 个层面进行推进。

（一）国外法规法令制定情况

欧盟、日本、美国等国家和地区通过制定相应法规法令明确规定了生产经营主体在追溯制度建设方面应尽的义务和责任。

1. 欧盟法规法令制定情况

欧盟为应对疯牛病问题，于 1997 年开始逐步建立农产品可追溯制度。按照欧盟有关食品法规的规定，食品、饲料、供食品制造用的家禽，以及与食品、饲料制造相关的物品，其在生产、加工、流通的各个阶段必须确立这种可追踪系统。该系统对各个阶段的主题作了规定，以保证可以确认以上的各种提供物的来源与方向。可追踪系统能够从生产到销售的各个环节追踪检查产品。2000 年，欧盟颁布的《食品安全白皮书》首次把"从田间到餐桌"的全过程管理纳入食品安全体系，明确所有相关生产经营者的责任，并引入危害分析与关键控制点（HACCP）体系，要求农产品生产、加工和销售等所有环节应具有可追溯性。2002年，欧盟颁布的有关食品法规则进一步升级，不仅要求明确相关生产经营者的责任，还规定农产品生产经营主体生产、加工和流通全过程的原辅料及质量相关材料应具有可追溯性，以保证农产品质量安全。同时，该法规规定自2005年1月1日起，在欧盟范围内流通的全部肉类食品均应具有可追溯性，否则不允许在欧盟市场流通。该法规的实施对农产品生产、流通过程中各关键环节的信息加以有效管理，并通过对这种信息的监控管理，来实现预警和追溯，预防和减少问题的出现，一旦出现问题即可以迅速追溯至源头。

2. 日本法规法令制定情况

日本紧随欧盟的步伐，于2001年开始实行并推广追溯系统。2003年5月，日本颁布了《食品安全基本法》，该法作为日本确保食品安全的基本法律，树立了全程确保食品安全的理念，提出了综合推进确保食品安全的政策，制定食品供应链各阶段的适当措施，预防食品对国民健康造成不良影响等指导食品安全管理的新方针。在《食品安全基本法》的众议院内阁委员会的附带决议中，提出了根据食品生产、流通的实际情况，从技术、经济角度开展调查研究，推进能够追溯食品生产、流通过程的可追溯制度。2003年6月，日本出台了《关于牛的个体识别信息传递的特别措施法》（又称《牛肉可追溯法》），要求对日本国内饲养的牛安装耳标，使牛的个体识别号码能够在生产、流通、零售各个阶段正确传递，以此保证牛肉的安全和信息透明。2009年，日本又颁布了《关于米谷等交易信息的记录及产地信息传递的法律》（又称《大米可追溯法》），对大米及其加工品实施可追溯制度。

3. 美国法规法令制定情况

2001年"9·11"事件后，美国将农产品质量安全的重视程度上升至国家层面，当年发布的《公共健康安全与生物恐怖应对法》要求输送进入美国境内的生鲜农产品必须具有详尽的生产、加工全过程信息，且必须能在4h内进行溯源。2004年5月，美国食品和药物管理局（FDA）公布《食品安全跟踪条例》，以制度的形式要求本国所有食品企业和在美国从事食品生产、包装、运输及进口的外国企业建立并保存食品生产、流通的全过程记录，以便实现对其生产食品的安全性进行跟踪与追溯。2009年，为进一步加强质量安全管理，美国国会通过了《食品安全加强法案》，要求一旦农产品、食品出现质量问题，从业者需要在两个工作日内提供完整的原料谱系，对可追溯管理提出了更加明确的要求。

（二）国外技术标准制定情况

在颁布法规法令强制推行农产品质量安全追溯制度的同时，为有效指导追溯体系建设，一些国家政府、国际组织先后制定了多项农产品追溯规范（指南），在实践中发挥了积极作用。

2003 年 4 月 25 日，日本农林水产省发布了《食品可追溯制度指南》，该指南成为指导各企业建立食品可追溯制度的主要参考。2010 年，日本农林水产省对《食品可追溯制度指南》进行修订，采用 CAC 的定义，可追溯被定义为"通过登记的识别码，对商品或行为的历史和使用或位置予以追溯的能力"，进一步明确追溯制度原则性要求。美国、法国、英国、加拿大等国政府参照国际标准，结合本国实际情况，制定了相应技术规范或指南。

国际食品法典委员会（CAC）、国际物品编码协会（GS1）、国际标准化组织（ISO）等有关国际机构利用专业优势、资源优势，积极参与农产品追溯体系技术规范制定，为推动全球农产品质量安全追溯管理发挥了重要作用。CAC 权威解释了可追溯性的基本概念和基本要求；GS1 利用掌控全球贸易项目编码的优势，先后制定了《全球追溯标准》《生鲜产品追溯指南》以及牛肉、蔬菜、鱼和水果追溯指南等多项操作指南，其追溯理念、编码规则被欧盟、日本、澳大利亚等多个国家和地区参照使用；ISO 2007 年制定了 ISO 22005《饲料和食品链的可追溯性　体系设计与实施的通用原则和基本要求》，提出了食品/饲料供应链追溯系统设计的通用原则和基本需求，通过管理体系认证落实到从业者具体活动中。

（三）国外追溯系统开发应用情况

随着信息化的发展，追溯体系必须依靠信息技术承担追溯信息的记录、传递、标识。从欧盟、美国、日本追溯体系具体建设看，农产品追溯系统的开发建设采用政府参与以及与企业自建相结合的模式推进追溯系统应用。法国在牛肉追溯体系建设中，政府负责分配动物个体编码、发放身份证、建立全国肉牛数据库，使法国政府能够精准掌握全国肉牛总量、品种、分布，时间差仅为一周；而肉牛的生产履历由农场主、屠宰厂、流通商按照统一要求自行记录。日本在牛肉制品追溯体系建设中，政府明确动物个体身份编码规则；农林水产省各个下级机构安排专人负责登记；国会拨付资金给相关协会、研究机构，承担全国性信息网络建设、牛肉甄别样品邮寄储存；饲养户、屠宰企业、专卖店自行承担追溯系统建设中信息采集、标签标识等方面的系统建设和标签标识支出，政府不予以补贴。

三、我国农产品质量安全追溯的发展

为提高我国农产品市场竞争力，扩大农产品贸易顺差，满足消费者对农产品质量的要求，我国于 2002 年开始实施"无公害食品行动计划"。该计划要求"通过健全体系，完善制度，对农产品质量安全实施全过程的监管，有效改善和提高我国农产品质量安全水平"。在一定意义上来说，"无公害食品行动计划"的实施拉开了我国农产品质量安全追溯研究的序幕。经过多年的探索与发展，已基本建立符合我国生产实际的追溯体系以及保障实施的法律法规、规章及标准，为我国农产品发展方向由增产向提质转变夯实基础。

（一）我国法律法规制定情况

2006 年，中央 1 号文件首次提出要建立和完善动物标识及疫病可追溯体系，建立农产品质量可追溯制度。其后，每年中央 1 号文件均反复强调要建立完善农产品质量追溯制度。2006 年 11 月 1 日，《中华人民共和国农产品质量安全法》（以下简称《农产品质量安全法》）正式颁布施行。在农业生产档案记录方面，该法第二十四条明确规定："农产品生产企业和农民专业合作经济组织应当建立农产品生产记录，如实记载下列事项：（一）使用农业投入品的名称、来源、用法、用量和使用、停用的日期；（二）动物疫病、植物病虫草害的发生和防治情况；（三）收获、屠宰或者捕捞的日期。农产品生产记录应当保存二年。禁止伪造农产品生产记录。国家鼓励其他农产品生产者建立农产品生产记录。"在农产品包装标识方面，该法第二十八条明确要求："农产品生产企业、农民专业合作经济组织以及从事农产品收购的单位或者个人销售的农产品，按照规定应当包装或者附加标识的，须经包装或者附加标识后方可销售。包装物或者标识上应当按照规定标明产品的品名、产地、生产者、生产日期、保质期、产品质量等级等内容；使用添加剂的，还应当按照规定标明添加剂的名称。"2009 年 6 月 1 日，《中华人民共和国食品安全法》（以下简称《食品安全法》）正式施行。该法明确要求国家建立食品召回制度。食品生产企业应当建立食品原料、食品添加剂、食品相关产品进货查验记录制度和食品出厂检验记录制度；食品经营企业应当建立食品进货查验记录制度，如实记录食品的名称、规格、数量、生产批号、保质期、供货者名称及联系方式、进货日期等内容。2015 年 4 月 24 日修订的《食品安全法》明确规定，"食品生产经营者应当依照本法的规定，建立食品安全追溯体系，保证食品可追溯"，我国农产品质量安全追溯上升至国家法律层面。

（二）我国相关部门文件及标准等制定情况

1. 我国相关部门文件制定情况

为配合农产品质量安全追溯相关法律法规的实施，加快推进追溯系统建设，规范追溯系统运行，我国各有关政府部门制定了农产品监管及质量安全追溯相关的文件。

2001年7月，上海市政府颁布了《上海市食用农产品安全监管暂行办法》，提出了在流通环节建立"市场档案可溯源制"。2002年，农业部发布第13号令《动物免疫标识管理办法》，该办法明确规定猪、牛、羊必须佩带免疫耳标并建立免疫档案管理制度。2003年，国家质量监督检验检疫总局启动"中国条码推进工程"，并结合我国实际，相继出版了《牛肉产品跟踪与追溯指南》《水果、蔬菜跟踪与追溯指南》，国内部分蔬菜、牛肉产品开始拥有"身份证"。2004年5月，国家质量监督检验检疫总局出台《出境水产品追溯规程（试行）》，要求出口水产品及其原料需按照规定标识。2011年，商务部发布《关于"十二五"期间加快肉类蔬菜流通追溯体系建设的指导意见》（商秩发〔2011〕376号），意见要求健全肉类蔬菜流通追溯技术标准，加快建设完善的肉类蔬菜流通追溯体系。2012年，农业部发布《关于进一步加强农产品质量安全监管工作的意见》（农质发〔2012〕3号），提出"加快制定农产品质量安全可追溯相关规范，统一农产品产地质量安全合格证明和追溯模式，探索开展农产品质量安全产地追溯管理试点"。为进一步加快建设重要产品信息化追溯体系，2017年商务部联合工业和信息化部、农业部等7部门联合发布《关于推进重要产品信息化追溯体系建设的指导意见》（商秩发〔2017〕53号），意见要求以信息化追溯和互通共享为方向，加强统筹规划，健全标准体系，建设覆盖全国、统一开放、先进适用的重要产品追溯体系。2018年，为落实《国务院办公厅关于加快推进重要产品追溯系统建设的意见》（国办发〔2015〕95号），农业农村部和商务部分别印发了《农业农村部关于全面推广应用国家农产品质量安全追溯管理信息平台的通知》（农质发〔2018〕9号）和《重要产品追溯管理平台建设指南（试行）》，旨在促进各追溯平台间互通互联，避免生产经营主体重复建设追溯平台。

2. 我国标准制定情况

为规范追溯信息采集内容，指导生产经营主体建立完善的追溯体系，保障追溯体系有效实施和管理，各行政管理部门以及相关企（事）单位制定了系列标准。从标准内容来看，主要涉及体系管理、操作规程（规范、指南）等方面。

体系管理类标准。2006 年参照 ISO 22000：2005，我国制定了 GB/T 22000—2006《食品安全管理体系　食品链中各类组织的要求》。2009 年参照 ISO 22005：2007，我国制定了 GB/T 22005—2009《饲料和食品链的可追溯性体系设计与实施的通用原则和基本要求》，追溯标准初步与国际接轨。2010 年，我国制定了 GB/Z 25008—2010《饲料和食品链的可追溯性　体系设计与实施指南》。此外，以 GB/T 22005—2009 和 GB/Z 25008—2010 为基础，国家质量监督检验检疫总局制定并发布了部分产品的追溯要求，如 GB/T 29379—2012《农产品追溯要求　果蔬》、GB/T 29568—2013《农产品追溯要求　水产品》、GB/T 33915—2017《农产品追溯要求　茶叶》。

操作规程（规范、指南）类标准。2009 年，农业部发布了 NY/T 1761—2009《农产品质量安全追溯操作规程　通则》，并制定了谷物、水果、茶叶、畜肉、蔬菜、小麦粉及面条和水产品 7 项农产品质量安全操作规程的农业行业标准。此外，农业部还制定了养殖水产品可追溯标签、编码、信息采集等水产行业标准。商务部制定了肉类蔬菜追溯城市管理平台技术、批发自助交易终端、手持读写终端规范以及瓶装酒追溯与防伪查询服务、读写器技术、标签要求等国内贸易规范。中国科技产业化促进会发布了畜类和禽类产品追溯体系应用指南团体标准。

其他标准。例如，为促进各追溯系统间数据互联共享，农业部制定了 NY/T 2531—2013《农产品质量追溯信息交换接口规范》；为规范农产品追溯编码、促进国际贸易，农业部制定了 NY/T 1431—2007《农产品追溯编码导则》等。

（三）我国农产品质量安全追溯系统开发应用情况

2008 年之前，我国农产品质量安全追溯系统还基本处于空白状态，可追溯管理要求主要通过完善生产档案记录来实现。2008 年之后，随着各级政府部门的大力推动，追溯管理理念逐步得到从业者认可，北京、上海、江苏、福建等政府部门以及全国农垦系统建立了农产品质量安全追溯平台，为上市农产品提供查询服务。同时，社会上一批 IT 企业研发了 RFID、喷码、激光刻码等溯源设备，开发设计了形式多样、各具特点的追溯系统，追溯制度建设呈现出快速发展趋势。

四、实施农产品质量安全追溯的意义

实施农产品质量安全追溯，对于农产品质量监测、认证体系建设、贸易促进等方面具有积极的推动作用，具体表现在以下 4 个方面：

1. 有利于农产品质量问题原因的查找

当农产品发生质量问题时，根据农产品生产、加工过程中原料来源、生产环境（包括水、土、大气）、生产过程（包括农事活动、加工工艺及其条件）以及包装、储存和运输等信息记录，从发现问题端向产业链源头回溯，逐一分析及排查，直至查明原因。同时，可根据追溯信息，确定问题产品批次，有利于农业生产经营主体减少损失。

2. 有利于认证体系的建设和实施

目前，我国认证体系主要有企业认证和产品认证两类。其中，企业认证主要是规范生产过程，包括 ISO 系列的 ISO 9000、ISO 14000 等，危害分析与关键控制点（HACCP），良好生产规程（GMP）和良好农业规程（GAP）等；产品认证不仅对生产过程进行规范，还对产品标准具有一定要求，包括有机食品、绿色食品和地理标志产品等。农产品质量安全追溯体系是对生产环境、生产、加工和流通全过程质量安全信息的跟踪及管理，这些内容也正是企业认证和产品认证的基础条件，从而保障了生产经营主体认证体系的建设和实施。

3. 保障消费者（采购商）的知情权，免受商业欺诈

农产品质量安全追溯信息覆盖整个产业链，所有质量信息均可通过一定渠道或媒介向消费者或采购商提供。消费者或采购商可通过知晓的全过程质量追溯信息，自行决定购买与否，免受商业欺诈。

4. 有利于促进贸易

在农产品质量安全事件频发的今天，各国对于农产品质量的要求越来越高，对于农产品的准入也越来越严格。目前，欧盟、美国和日本均对进口农产品的可追溯性作出了一定要求。对于我国一个农产品生产大国来说，实施农产品质量安全追溯势在必行，这对于促进我国农产品出口、扩大贸易顺差具有重要的意义。

第二节　农产品质量安全追溯操作规程

在解读农业行业标准 NY/T 1765—2009《农产品质量安全追溯操作规程 谷物》前，应首先明确何谓标准及其中的一个类型——操作规程。

一、标　　准

（一）标准的定义

操作规程是标准的形式之一。标准是规范农业生产的重要依据，农业生产标准化已成为我国农业发展的重要目标之一。为保障农产品质量安全，我国不断加强法治建设，涉及农业生产的法律法规主要有《食品安全法》《农产品质量安全法》《农药管理条例》《兽药管理条例》等。

标准属于法规范畴，对法律法规起到支撑作用。标准的定义是"为在一定范围内获得最佳秩序，经协商一致制定并由公认机构批准，共同使用的和重复使用的一种规范性文件"。对以上定义应有充分认识，才能正确解读标准，现分别解释如下：

1. "为在一定范围内获得最佳秩序"

"为在一定范围内获得最佳秩序"是标准制修订的目的。"最佳秩序"是各行各业进行有序活动，获得最佳效果的必要条件。因此，标准化生产是农业生产的必然趋势。依据辩证唯物主义观点，"最佳秩序"是目标，是有时间性的。某个时期制定的标准达到那个时期的最佳秩序，但以后发生客观情况的变化或主观认知程度的提高，已制定的标准不能达到最佳秩序时，就应对该标准进行修订，以便达到最佳秩序。因此，在人类生产历史中，最佳秩序的内涵不断丰富，人类通过标准逐渐逼近这个最佳秩序。例如，农业行业标准 NY/T 1765—2009《农产品质量安全追溯操作规程 谷物》发布于 2009 年，该标准可规范谷物生产的质量安全追溯，达到当时认知水平下的最佳秩序，并在发布后的若干年内，客观情况变化或主观认知水平上尚未认识到需要修改该标准。但随着社会的发展以及技术的更新，当标准中的某些内容不适用时，就需对该标准进行修订，以达到新形势下的最佳秩序。

"在一定范围内"说明标准适用范围，如国家标准适用于全国，行业标准适用于本行业。但行业标准的适用范围往往与国家标准一致，如农业行业标准适用于全国农业系统以及农产品加工领域。每个标准都明确规定了使用范围，超出该范围就不适用了。《农产品质量安全追溯操作规程 谷物》是规程类标准，其使用范围是谷物的质量安全追溯。在使用标准时，不可发生以下超范围使用。

(1)《农产品质量安全追溯操作规程 谷物》超范围使用标准情况

①用于质量安全追溯的其他认证。例如，用于危害分析与关键控制点(HACCP)，尽管该规程在危害分析方面与 HACCP 有共同之处，但尚有危害分析的不同之处。该规程的其他内容与 HACCP 均不相同。因此，谷物生产经营主体不能将该规程用于 HACCP 认证。反之亦然，HACCP 条文不能用于质量安全追溯。HACCP 中关键控制点的设置尽量少，可设可不设的则不设；而该规程在执行中设置关键控制点时，可设可不设的则设，凡是影响某一质量安全项目的所有工艺段都设。例如，谷物的重金属发生在大田管理（灌溉水），也发生在抛光环节（加工用水）。因此，大田

管理和抛光环节都设为关键控制点。

②用于谷物以外产品。该规程适用于谷物，不适用于谷物以外的豆类、水果。每个标准的使用范围都有明确规定，农业生产经营主体都应正确使用标准，对于不同类型的标准都应严格执行其使用范围。

（2）国家限量标准超范围使用　以农药使用为例，当谷物类产品应用GB/T 8321《农药合理使用准则》系列标准时，不能发生以下两类超范围使用：

①品种超范围。为达到谷物的杀虫效果，使用国家禁止使用的六六六农药。

②使用量超范围。为防治水稻的稻飞虱，使用 GB/T 8321.1—2000《农药合理使用准则（一）》规定的允许使用的 3‰颗粒剂克百威，但生产中超过规定的使用量 2 000～3 000g（即有效成分，60～90g）/667m^2。

（3）分析方法标准应选用适用标准　样品中各指标测定方法应选择适用的国家标准或行业标准。若存在多个现行有效的国家标准或行业标准，则应选择最能适用于样品的分析方法。例如，谷物中黄曲霉毒素B$_1$的测定，不能选用 LS/T 6111—2015《粮油检验　粮食中黄曲霉毒素B$_1$ 测定　胶体金快速定量法》，而应选用 GB 5009.22—2016《食品安全国家标准　食品中黄曲霉毒素 B 族和 G 族的测定》。

2. "经协商一致制定"

"经协商一致制定"是标准制修订程序之一，是针对标准制修订单位的要求。标准和生产分别属于上层建筑和经济基础范畴，标准依据生产，又服务于生产。因此，制修订的标准既不可比当时生产水平低，拖生产后腿；又不可远超过当时生产水平，高不可及。标准制修订单位需要与生产部门、管理部门、科研院所和大专院校等广泛交流，标准中的各项内容应协商一致，以便确保标准的先进性和可操作性，使标准的实施对生产起到应有的促进作用。

3. "由公认机构批准"

"由公认机构批准"是标准制修订程序之一。公认机构是指标准化管理机构，如国家标准化技术委员会。就我国而言，标准分为国家标准、行业标准、地方标准、团体标准和企业标准，均需国家标准化技术委员会批准、备案后方可实施。就国际上而言，这种公认机构除政府部门外，还有联合国下属机构，如国际标准化组织（ISO）、联合国食品法典委员会（CAC）等，或者国际行业协会，如国际乳业联合会（IDF）等。只有公认机构批准发布的标准才是有效的。

4. "共同使用的和重复使用的"

标准的使用者是标准适用范围内的合法单位，如所有我国合法经营的谷物企业可使用农业行业标准 NY/T 1765—2009《农产品质量安全追溯操作规程　谷物》。该标准也适用于所有我国合法经营谷物的其他生产经营主体，如农民专业合作社、种粮大户等。NY/T 1765—2009《农产品质量安全追溯操作规程　谷物》可供谷物生产经营主体共同使用，且在修订或作废之前是可被重复使用的。除谷物生产经营主体外，协助、督导、监管谷物生产经营主体质量安全追溯工作的单位，如农业农村部和各地方管理部门、有关质量安全追溯监测机构也可应用该标准，帮助谷物生产经营主体更好地实施该标准。

5. "规范性文件"

"规范性文件"表明标准是用以详述法律和法规内容，具有法规性质。但它不是法规，而是属于法规范畴，是要求强制执行或推荐执行的规范性文件。

（二）标准的性质

就标准性质而言，标准分为强制性标准和推荐性标准，表示形式分别为标准代号中不带"/T"和带"/T"。例如，《农产品质量安全追溯操作规程　谷物》是推荐性标准，其标准代号为 NY/T 1765—2009。推荐性标准是非强制执行的标准，但当别无其他标准可执行时，为达到该标准的目的，就必须按该标准执行。

（三）标准的分级

我国标准分为国家标准、行业标准、地方标准、团体标准和企业标准，由其名称可知其适用范围。级别最高的是国家标准，最低的是企业标准。同一标准若发布了国家标准，则比它级别低的其他标准自行作废。国家鼓励企业制定企业标准，但其内容要求应严于国家标准，且在企业内部执行。

（四）标准的分类

从标准的应用角度，可将标准分为以下 6 种类型：

1. 限量标准

规定某类或某种物质在产品中限量的规范性文件，如 GB 2760—2014《食品安全国家标准　食品添加剂使用标准》。

2. 产品标准

规定某类或某种产品的属性、要求以及确认的规则和方法的规范性文件，如 NY/T 419—2014《绿色食品　稻米》。

3. 方法标准

规定某种检验的原理、步骤和结果要求的规范性文件，如 GB 5009.3—2016《食品安全国家标准　食品中水分的测定》。

4. 指南

规定某主题的一般性、原则性、方向性的信息、指导或建议的规范性文件，如 GB/T 14257—2009《商品条码　条码符号放置指南》。

5. 规范

规定产品、过程或服务需要满足要求的规范性文件，如 GB 13122—2016《食品安全国家标准　谷物加工卫生规范》。

6. 规程

规定为设备、构件或产品的设计、制造、安装、维护或使用而推荐惯例或程序的规范性文件，如 NY/T 1765—2009《农产品质量安全追溯操作规程　谷物》。

二、操作规程

操作规程是标准中最普遍的一种，它规定了操作的程序。NY/T 1765—2009《农产品质量安全追溯操作规程　谷物》规定谷物生产经营主体实施质量安全追溯的程序以及实施这些程序的方法，它以章的形式叙述以下 10 个方面内容：

（一）范围

范围包括两层含义：一是该标准包含的内容范围，即术语和定义、要求、编码方法、信息采集、信息管理、追溯标识、体系运行自查和质量安全应急；二是该标准规定的适用范围，即稻米、麦类、玉米、粟、高粱的质量安全追溯。

（二）规范性引用文件

列出被引用的其他文件经过标准条文的引用后，成为标准应用时必不可少的文件。文件清单中不注明日期的标准表示其最新版本（包括所有的修改单）适用于本标准。在 NY/T 1765—2009《农产品质量安全追溯操作规程　谷物》中引用了 NY/T 1761《农产品质量安全追溯操作规程　通则》，这里没有发布年号，其含义是引用现行有效的最新版本标准。

（三）术语和定义

所用术语和定义与 NY/T 1761《农产品质量安全追溯操作规程 通则》相同。因此，不必在本标准中重复列出，只需引用 NY/T 1761 中的术语和定义即可。而 NY/T 1761 的术语和定义共有 11 条。其中列出 8 条，引用 NY/T 1431《农产品产地编码规则》中的 3 条术语和定义。

（四）要求

在规定谷物生产经营主体实施质量安全追溯程序以及实施方法之前，应先明确实施的必备条件，只有具备条件后才能实施操作规程。这些条件主要包括追溯目标、机构或人员、设备、管理制度等内容。

（五）编码方法

编码方法是实施操作规程的具体程序和方法之一，此部分内容叙述整个产业链各个环节的编码方法。不同谷物生产经营主体产业链不同，编码方法也不尽相同。例如，种植类的农业生产经营主体，需从种植环节开始编码；谷物加工经营主体，则需包括加工生产环节的编码。

（六）信息采集

信息采集是实施操作规程的具体程序和方法之一，此部分内容叙述整个产业链中各个环节的信息采集要求和内容。

（七）信息管理

信息管理是实施操作规程的具体程序和方法之一，此部分内容叙述信息采集后的存储、传输、查询。

（八）追溯标识

追溯标识是实施操作规程后，在产品上体现追溯的表示方法。

（九）体系运行自查

体系运行自查是实施操作规程后，自行检查所用程序和方法是否达到预期效果。若须完善，则应采取改进措施。

（十）质量安全应急

质量安全应急是实施操作规程后，一旦发生质量安全问题，应采取的

处置方法，作为对实施操作规程的具体程序和方法的补充。

整个操作规程的内容由以上 10 个方面组成。除（一）范围外，（二）、（三）、（四）是必要条件，（五）、（六）、（七）是实施的程序和方法，（八）、（九）、（十）是实施后的体现和检查处理。由此组成一个完整的操作规程。

第三节　农产品质量安全追溯实施原则

农产品质量安全追溯的实施原则是指导农产品质量安全追溯操作规程制修订的前提思想，也是保证农产品质量安全追溯规范顺利进行的根本。这些原则体现在该标准的制修订和执行之中。主要包括以下原则：

一、合法性原则

进入 21 世纪以来，随农产品外部市场竞争的加剧以及内部市场需求的增长，我国对农产品质量安全的重视程度上升到了一个新的高度，已经从法律法规等层面作出了相应要求。《食品安全法》《农产品质量安全法》《国务院办公厅关于加快推进重要产品追溯体系建设的意见》《农业部关于加快推进农产品质量安全追溯体系建设的意见》《商务部　工业和信息化部　公安部　农业部　国家质量监督检验检疫总局　国家安全监督管理总局　国家食品药品监督管理总局关于推进重要产品信息化追溯体系建设的指导意见》《农业农村部关于全面推广应用国家农产品质量安全追溯管理信息平台的通知》等法律法规以及相关部门文件都提出建立农产品质量安全追溯制度的要求。

农产品质量安全追溯的实施过程还应依据以下相关标准：

（一）条码编制

编制条码应依据 GB/T 12905—2019《条码术语》、GB/T 7027—2002《信息分类和编码的基本原则与方法》、GB/T 12904—2008《商品条码　零售商品编码与条码表示》、GB/T 16986—2018《商品条码　应用标识符》等标准。具体到农产品，编制条码时还应依据 NY/T 1431—2007《农产品追溯编码导则》和 NY/T 1430—2007《农产品产地编码规则》等标准。

（二）二维码编制

编制二维码应依据 GB/T 33993—2017《商品二维码》。

二、完整性原则

该原则主要是追溯信息的过程完整性和信息完整性要求。

（一）过程完整性

追溯信息应覆盖谷物生产、加工、流通全过程。追溯产品为谷物时，则应包括种子处理、育秧管理、大田管理、收获、销售过程的追溯信息。追溯产品为谷物制品时，除以上过程外，还应增加收购、加工、包装、入库、出库销售过程的追溯信息。

（二）信息完整性

信息内容应包括所有涉及质量安全、责任主体、可追溯性 3 个方面的信息。

1. 各环节涉及的质量安全信息

追溯信息应覆盖生产、加工、流通全过程，同时还应与当前国家标准或行业标准相适应。

种植环节追溯信息主要包括基地环境、农药和肥料等的信息。其中，基地环境条件包括灌溉用水、土壤、大气环境等，应记录取样地点、时间、检测机构和监测时间等信息；农药使用记录内容应依据中华人民共和国国务院令第 677 号《农药管理条例》和 GB/T 8321《农药合理使用准则》系列标准记录农药的通用名及商品名、来源（包括供应商和生产厂商名称、生产许可证号或批准文号、登记证号、产品批号或生产日期）、主要防治对象、剂型及含量、稀释倍数、施药方法、施用量、安全间隔期等信息；肥料使用记录内容应依据《肥料合理使用准则》系列标准及相关部门的规章、公告等记录肥料的通用名及商品名、来源（包括供应商和生产厂商名称、生产许可证号或批准文号、登记证号、产品批号或生产日期）、施用量、施肥地块、施肥时间等。

加工环节追溯信息包括原粮检测、仓储温（湿）度、加工用水、产品检验、包装和销售等信息。

2. 涉及责任主体的信息

责任主体信息主要包括各环节操作时间、地点和责任人等。对于农药、肥料购买、使用，应记录品名（通用名）生产厂商、生产许可证号、登记证号或生产批准文号、批次号（或生产日期）、农药安全间隔期、时间、使用地块、使用量和责任人等。对于加工，应记录加工时间、生产线名称、加工量、责任人等。

15

3. 可追溯性信息

可追溯性信息是上、下环节信息记录中有唯一性的对接内容，以保证实施可追溯。例如，在农药购买记录和农药使用记录上均有农药名称、生产厂商、批次号（或生产日期），或用代码衔接，以确保所用农药只能是某厂商生产的某批次农药。纸质记录的可追溯性保证了电子信息的可追溯性。

三、对应性原则

除记录信息的可追溯性外，还应在农产品质量安全追溯的实施过程中确保农产品质量安全追溯信息与产品的唯一对应。为此，应做到以下要求：

（一）各环节和单元进行代码化管理

各环节或单元的名称宜进行代码化管理，以便电子信息录入设备识别和信息传输。进行代码化管理时宜采用数字码，编制时应通盘考虑，既简单明了、容易识别，又不易混淆。

（二）纸质记录真实反映生产过程和产品性质

纸质记录内容仅反映生产过程和产品性质中与质量安全有关的内容，与此无关的农事活动和经营内容不应列入。

若谷物生产经营主体的纸质记录除了质量安全追溯内容外，还有其他体系认证、产品认证或经营管理需记录，则不必制作多套表格，可以制作一套表格，在其栏目上标注不同符号，如星形符号（＊）、三角形符号（△）等，以表示以上不同类型用途的记录内容。纸质记录被录入追溯系统时，录入人员仅录入带有质量安全追溯符号的栏目内容即可。

（三）纸质记录和电子信息唯一对应

纸质记录与电子信息必须唯一对应。要求电子信息录入人员收到纸质记录后需要做以下程序性工作：

1. 审核纸质记录的准确性、规范性

纸质记录是否有不准确之处，如农药未使用通用名、农药的施用量未使用法定计量单位、安全间隔期等；纸质记录的填写是否有不规范之处，如有涂改、空项等，发现后录入人员不得自行修改，应退回有关部门或人员修改。缺项的由制表人员修改表格，如农药生产企业的生产许可证号或批准文号、登记证号、批次号（或生产日期）等。若表格的栏目齐全，填

写有误，则退回给填写人员，让其修改或重新填写。

2. 准确录入计算机等电子信息录入设备

完成纸质记录审核后，信息录入人员应将纸质信息准确无误地录入追溯系统。同时，应采取相关措施保障电子信息不篡改、不丢失。为此，应采取以下措施：

（1）用于质量安全追溯的计算机等电子信息录入设备不允许兼用于其他经营管理。

（2）录入人员设有权限，设置有个人登录密码。

（3）计算机等电子信息录入设备要安装杀毒软件，以免受到攻击。

（4）有外接设备定期备份、专用备份，如硬盘、光盘。

3. 核实录入内容

纸质信息录入后，信息录入人员应对录入内容与纸质记录的一致性进行核实。若不一致，则进行修改。

四、高效性原则

随着信息化的发展，运用现代信息技术对农产品从生产到消费实行全程可追溯管理，这既是农业信息化发展的重要趋势，也是新时期加强农产品质量安全管理的必然要求。从信息化角度分析，建立农产品质量安全追溯制度的本质要求就是综合运用计算机技术、网络技术、通信技术、编码技术、数字标识技术、传感技术、地理信息技术等现代信息技术对农产品生产、流通、消费等各个环节实行标识管理，记录农产品质量安全相关信息、生产者信息，以此形成顺向可追、逆向可溯的精细化质量管控系统，建立高效、精确、快捷的农产品质量安全追溯体系，全面提升农产品质量安全管控能力。

第四节　农产品质量安全追溯实施要求

为加深农业生产经营主体对农产品质量安全追溯的认识与理解，保障追溯体系顺利建设与实施，切实发挥农产品质量安全追溯在保质量、促安全等方面的作用，农业生产经营主体在建设追溯体系之前，应先做好以下4个方面的准备工作：

一、制订农产品质量安全追溯实施计划

农业生产经营主体在建立追溯体系前应制订详尽的实施计划。实施计划主要包括以下内容：

（一）追溯产品

农业生产经营主体生产的全部产品都可实施农产品质量安全追溯，则全部产品作为追溯产品。若有部分产品无法实施追溯，则不应将此列入追溯产品。例如，谷物生产的农民专业合作社中部分是本合作社种植，部分是收购周边种植户，对种植户没有种植过程要求或即使有要求，但无法控制其生产全过程，则这部分收购的谷物不列入追溯产品；谷物加工企业生产的谷物制品，部分是本企业加工生产，部分是委托本地或外地加工企业代工生产，且被委托的加工企业尚不具备可追溯条件，则尽管产品是同一品牌，也不能将被委托企业生产的产品列为追溯产品。

（二）追溯规模

标明年产量、农业生产经营主体的追溯规模是多少吨。追溯规模的确定依据是在正常环境和经营条件下的生产能力，不考虑不可抗力的发生，如冰雹、虫害等。

（三）追溯精度

追溯精度应合理确定，不应过细或过粗。谷物生产经营主体若能对种植、生产等进行统一管理和信息采集，则追溯精度可以细划到"种植户或地块"，但追溯精度太细会增加追溯信息采集的工作量。若生产经营主体的追溯精度过粗，也不合适。例如，追溯精度不能到地块或种植户，而是设置为乡镇且不能再细分，则失去了追溯的意义。

（四）追溯深度

追溯深度依据追溯产品的销售情况进行确定。谷物加工企业有直销店，则追溯深度为零售商；若无直销店，则追溯深度为批发商；若兼有直销店和批发商或无法界定销售对象的销售方式，则追溯深度可定为初级分销商。

（五）实施内容

实施内容的全面性是保障追溯工作有效完成的基础，应包括满足农产品质量安全追溯工作要求的所有内容，如制度建设、追溯设备的购置、追溯标签的形成、追溯技术的培训等。

（六）实施进度

实施进度的制定可以确保农业生产经营主体高效地完成追溯体系建

设，避免追溯体系建设出现拖沓不前等问题。制定实施进度时，应充分考虑自身发展情况，结合现有基础，列出所有实施内容的完成期限以及相关责任主体。

二、配置必要的计算机网络设备、标签打印设备、条码读写设备等硬件及相关软件

配置计算机等电子信息录入设备的数量应合适，追溯系统建设前应先根据生产过程确定追溯精度，种植环节中每个精度应有一个信息采集点。例如，追溯精度为种植户，则每个种植户为信息采集点；若种植户组（内含若干种植户）为追溯精度，则种植户组为信息采集点。加工环节中每条生产线为一个信息采集点。另外，中间产品、终产品检验的实验室设立一个信息采集点；成品包装、储存、运输为一个信息采集点；销售为一个信息采集点。由信息采集点决定所用计算机等电子信息录入设备数量，若每个信息采集点各自采集或录入信息，则所用计算机等电子信息录入设备数量与信息采集点数量一样。若每个信息采集点采集或录入信息后，用一台计算机等电子信息录入设备录入，则合并为一台计算机等电子信息录入设备。

配置标签打印设备、条码读写设备等专用设备。专用设备配置数量由农业生产经营主体标签打印数量确定。如果产品采用工业化生产线进行生产，或者追溯产品包装不适合粘贴纸质标签，应配置喷码、激光打码等专用设备。

配置的软件系统应涵盖所有可能影响产品质量安全的环节，确保采集的信息覆盖生产、加工、流通全过程的各个信息采集点，且满足追溯精度和追溯深度的要求。

三、建立农产品质量安全追溯制度

农业生产经营主体应依据自身追溯工作特点和要求，制定产品质量安全追溯工作规范、信息采集和系统运行规范、质量安全问题处置规范（产品质量安全事件应急预案）等制度以及与其配套的相关制度或文件（如产品质量控制方案），且应覆盖追溯体系建设、实施与管理的所有内容，现分述如下：

（一）产品质量安全追溯工作规范

产品质量安全追溯工作规范内容主要包括：一是制定目的、原则和适用范围；二是开展追溯工作的组织机构、人员与职责，以及保障追溯工作

持续稳定进行的措施；三是实施方案以及工作计划的制订、实施；四是制度建设的原则和程序；五是相关人员培训计划、实施；六是质量安全追溯体系自查；七是产品质量安全事件的处置。

（二）信息采集及系统运行规范

信息采集及系统运行规范内容主要包括：一是追溯码的组成、代码段的含义及长度；二是信息采集点的设置；三是纸质记录内容的设计、填写和上传；四是电子信息的录入、审核、传输、上报；五是电子设备的安全维护要求和记录；六是系统运行的维护和应急处置；七是追溯标签的管理。

（三）产品质量安全事件应急预案

产品质量安全事件应急预案内容主要包括：一是编制目的、原则和适用范围；二是应急体系的组织机构和职责；三是应急程序；四是后续处理；五是应急演练及总结。

（四）产品质量控制方案

产品质量控制方案内容主要包括：一是编制目的、依据、方法以及适用范围；二是组织机构和职责；三是关键控制点的设置；四是质量控制项目及其临界值的确定；五是控制措施、监测、纠偏、验证和记录等。

四、指定部门或人员负责各环节的组织、实施和监控

具备一定规模的农业生产经营主体宜成立相关机构（质量安全追溯领导小组）或指定专门人员负责组织、统筹、管理追溯工作，并将追溯工作的全部内容分解到各部门或人员，明确其职责，做到既不重复，又不遗漏。一旦发现问题，可依据职责找到相关责任人，避免相互推诿扯皮，便于问题查找以及工作改进。例如，生产记录表格的设计、制订、填写、录入或归档出现问题，可根据人员分工，跟踪到直接责任人，并进行工作改进。

第二章
《农产品质量安全追溯操作规程 谷物》解读

第一节 范 围

【标准原文】

1 范围

本标准规定了谷物质量安全追溯术语和定义、要求、信息采集、信息管理、编码方法、追溯标识、系统运行自检和质量安全应急。

本标准适用于稻米、麦类、玉米、粟、高粱的质量安全追溯。

【内容解读】

1. 本标准规定内容

本标准规定的所有内容将在以下各节进行解读。

2. 本标准适用范围

本标准适用于稻谷、小麦、大麦、青稞、燕麦、莜麦、黑麦、荞麦、玉米、粟、高粱；谷物研磨制品，如大米、大米面条、米粉、玉米淀粉、速冻玉米等。

3. 本标准不适用范围

本标准既不适用于谷物的副产品如稻壳、糠粉及其制品（米糠油）等，也不适用于稻米、麦类、玉米、粟、高粱的非质量安全追溯操作规程。

第二节 术语和定义

【标准原文】

3 术语和定义

NY/T 1761确立的术语和定义适用于本标准。

【内容解读】

1. NY/T 1761 确定的术语和定义

NY/T 1761《农产品质量安全追溯操作规程 通则》是农产品质量安全追溯操作的通用准则，内容包括术语和定义、要求、编码方法、信息采集、信息管理、追溯标识、系统运行自查和质量安全应急，对全国范围内农产品质量安全追溯体系的建设及有效运行起到了重要作用。本标准是产品类标准制定的基础，为各产品类农产品质量安全追溯操作规程的制定起到了指导性作用。

NY/T 1761《农产品质量安全追溯操作规程 通则》确立的术语和定义有以下 8 条：

（1）农产品质量安全追溯（quality and safety traceability of agricultural products） 运用传统纸质记录或现代信息技术手段对农产品生产、加工、流通过程的质量安全信息进行跟踪管理，对问题农产品回溯责任，界定范围。

（2）追溯单元（traceability unit） 在农产品生产、加工、流通过程中不再细分的单个产品或批次产品。

（3）追溯信息（traceability information） 可追溯农产品生产、加工、流通各环节记录信息的总和。

（4）追溯精度（traceability precision） 可追溯农产品回溯到产业链源头的最小追溯单元。

（5）追溯深度（traceability depth） 可追溯农产品能够有效跟踪到的产业链的末端环节。

（6）组合码（combined code） 由一些相互依存并有层次关系的描述编码对象不同特性代码段组成的复合代码。

（7）层次码（layer code） 以编码对象集合中的层次分类为基础，将编码对象编码成连续且递增的代码。

（8）并置码（coordinate code） 由一些相互独立的描述编码对象不同特性代码段组成的复合代码。

2. NY/T 1431 确定的术语和定义

NY/T 1761《农产品质量安全追溯操作规程 通则》中引用了 NY/T 1431—2007《农产品追溯编码导则》的术语和定义，其在术语和定义中确立的术语和定义有以下 3 条：

（1）可追溯性（traceability） 从供应链的终端（产品使用者）到始端（产品生产者或原料供应商）识别产品或产品成分来源的能力，即通过记录或标识追溯农产品的历史、位置等的能力。

（2）农产品流通码（code on circulation of agricultural products） 农产品流通过程中承载追溯信息向下游传递的专用系列代码，所承载的信息是关于农产品生产和流通两个环节的。

（3）农产品追溯码（code on tracing of agricultural products） 农产品终端销售时承载追溯信息直接面对消费者的专用代码，是展现给消费者具有追溯功能的统一代码。

【实际操作】

1. 可追溯性

谷物产品的可追溯性是指从供应链的终端（产品使用者）到始端（产品生产者或原料供应商）识别产品或产品成分来源的能力。谷物产品供应链的终端（产品使用者）包括批发商、零售商（如谷物加工企业的直销店）和消费者（如机关、学校等）。始端（产品生产者或原料供应商）所指的产品生产者包括农业生产经营主体（种植户、种植户组）、加工企业等；原料供应商包括种子供应商、农药供应商、肥料供应商以及加工过程中使用的食品添加剂供应商。

识别产品或产品成分来源的能力是指通过质量安全追溯达到识别与质量安全有关的产品成分及其来源的能力。以下举例说明：

以农药残留为例，其来源可能是农药供应商添加了农药名称以外的农药，或供应的农药不纯，含有其他农药成分；也可能是农药使用者未按照国家标准规定使用（如农药的剂型、稀释倍数、施用量、施用方法等）、使用国家明令禁用农药或未按安全间隔期规定收获谷物；也可能是追溯产品的农药残留检验不规范。

以重金属污染为例，其主要原因是产地环境（土壤、大气、灌溉水）中的重金属被农作物吸收富集所致。

所有这些来源分析是通过产业链各环节的信息记录或产品标识追溯到产业链内的工艺段，即通过质量安全信息从产业链终端向始端回溯，从而构成农产品的可追溯性。

2. 农产品流通码

农产品流通码的信息包括农产品生产和流通两个环节的信息，该信息是从始端环节向终端环节传递的顺序信息。

生产环节代码包括生产者代码、产品代码、产地代码和批次代码，农产品流通码对一个生产经营主体来说是唯一性的。生产经营主体编码时可采用国际公认的 EAN·UCC 系统。其中，EAN 是联合国的编码系统

（国际物品编码协会），UCC 是美国的编码系统（美国统一代码委员会），两者结合组成 EAN·UCC 系统。EAN·UCC 是国际通用编码系统，生产经营主体按此编码符合国际贸易要求，可在出口产品中采用该编码。

（1）EAN·UCC 系统　EAN·UCC 代码包括应用标识符、标识代码类型、代码段数、代码段内容以及代码段中数字位数等。常用的 EAN·UCC 系统主要有以下 2 种：

①EAN·UCC−13 代码。EAN·UCC−13 代码是标准版的商品条码，由 13 位数字组成，包括前缀码（由 EAN 分配给各国或地区的 2～3 位数字，在 2002 年前中国是 3 位数 690～695）、厂商识别代码（由中国物品编码中心负责分配 7～9 位数字）、商品项目代码（由厂商负责编制 3～5 位数字）和校验码（1 位数字）。

②EAN·UCC−8 代码。EAN·UCC−8 代码是缩短版的商品条码，由 8 位数字组成，包括商品项目识别代码（由中国物品编码中心负责分配 7 位数字）和校验码（1 位数字）。

（2）我国国际贸易农产品流通码　农产品流通码示例见图 2-1。

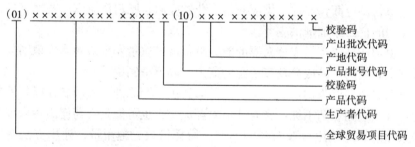

图 2-1　农产品流通码示例

生产者代码和产品代码处于全球贸易项目代码的应用标识符 AI（01）之中，该标识符可用于定量贸易项目，其第一个数字代码（即生产者代码的第一个数字代码为 0～8）；也可用于变量贸易项目，其第一个数字代码（即生产者代码的第一个数字代码为 9）。生产者代码段有 7～9 位数字（可用 0 表示预留代码），产品代码段有 3～5 位数字（可用 0 表示预留代码），两个代码段结束处设校验码（1 位数字）。

产地代码和产出批次代码处于全球贸易项目代码的应用标识符 AI（10）之中，其中产出批次代码中可加入生产日期代码（6 位数字，顺序从前到后依次为年份的后 2 个数字、2 位月份代码和 2 位日数代码），两个代码段结束处设校验码（1 位数字）。

以上内容的生产环节流通码由生产经营主体在完成生产时编制完成。

流通环节代码包括批发、分销、运输、分装加工等环节的代码，其内容为流通作业主体代码、流通领域产品代码、流通作业批次代码，这些代码对一个流通企业来说是唯一性的。

流通作业主体代码、流通领域产品代码处于全球贸易项目代码的应用标识符 AI（01）之中。流通作业批次代码处于全球贸易项目代码的应用标识符 AI（10）之中，其中产出批次代码中可加入生产日期代码。

以上内容的流通环节流通码由流通部门在完成流通时编制完成。

生产环节和流通环节流通码也可合二为一，由流通部门向生产经营主体提供必要的流通领域诸代码，生产经营主体在完成生产时编制一个体现生产和流通两方面内容的代码，其形式为生产领域的流通码，即 4 个代码段，在生产者、产品、产地和产出批次代码段中加入流通领域的内容。

3. 农产品追溯码

追溯码是提供给消费者、政府管理部门的最终编码，仍由 4 个代码段组成，与流通码一样，但不使用标识符，仅有一个校验码。追溯码由流通码压缩加密形成。农产品追溯码示例见图 2-2。

图 2-2　农产品追溯码示例

4. 追溯单元

追溯单元为农产品生产、加工、流通过程中不再细分的管理对象。

农产品生产、加工、流通过程中具有多个工艺段。这些工艺段可以是技术性的，也可以是管理型的，统称为管理对象。其划分的粗细按其技术条件或管理内容而分，一个追溯单元内的个体具有共同的技术条件或管理内容。例如，在某水稻的种植过程中，若每个种植户不能处于相同的种植条件下，则追溯单元为每个种植户；若不同的种植户组能够实施统一管理（育苗、插秧、农药、化肥的施用皆一致），则追溯单元为种植户组。

一个追溯单元有一套记录，适用于该追溯单元内的每个个体。追溯单元的划分是确定追溯精度的前提。

5. 批次

批次为由一个或多个追溯单元组成的集合，常用于产品批次。尽管每个追溯单元具有自己的技术条件或管理内容，且有别于其他追溯单元。但农产品生产、加工、流通过程是连续的物流过程，可分为多个阶段。当一个追溯单元的产品进入下一个阶段时，因技术条件或管理内容而不得不与其他追溯单元的产品混合时，就形成混合产品，即成为批次。例如，当水稻收获后，如果不同的种植户组的水稻能够实现分区仓储，则一个种植户组的水稻可作为一个批次；若不能实现分区仓储，则多个种植户组的水稻为一个批次。

批次可作为追溯精度。

6. 记录信息

记录信息指农产品生产、加工、流通中任何环节记录的信息内容。生产经营主体在管理中应根据《农产品质量安全法》做好记录。记录内容应包括与产品质量安全有关的信息，如生产资料的技术内容、工艺条件等；也包括与产品质量安全无关的信息，如职工的工作量、生产资料的收购价等。前者可用于质量安全追溯，后者则不可用于质量安全追溯，仅用于经营管理。生产经营主体为了记录的方便，往往是将这两方面内容列为一个记录，而不分别记录。

7. 追溯信息

追溯信息为具备质量安全追溯能力的农产品生产、加工、流通各环节记录信息的总和，即可用于质量安全追溯的记录信息。依据质量安全追溯的内容，即确定追溯产品的来源、质量安全状况、责任主体，追溯信息应满足该内容的要求。因此，追溯信息应包括 3 个方面内容：

（1）环节信息　即信息记录在哪一环节。环节的划分依据如下：

①生产组织形式的反映。如农药购入由单独的部门完成，然后分发给农药使用者，则农药购入和农药使用为两个环节；若农药使用者自行购入农药，则农药购入和农药使用合为一个环节。

②相同技术条件或管理内容的部门可归为一个环节。例如，各种植户组统一进行管理的水稻种植，具有相同的技术条件或管理内容，可合并为一个环节。

③结合追溯精度，可以细分或粗合。环节信息应具体并唯一地反映该环节，其表达方式可用汉字或数字（应在质量安全追溯制度中写明该数字的含义）。例如，第一种植户组第二号地或 1—02。

（2）责任信息　即时间、地点、责任人，以便发生质量安全问题时可依此确定责任主体。其中，责任人包括质量安全追溯工作的责任人以及生产投入品供应企业责任人（该企业名称）。

（3）要素信息　该环节技术要素或管理要素的反映。要素信息应满足质量安全追溯的要求，如农药使用的品名、剂型、稀释倍数、施用量、施用方法、安全间隔期等。

8. 追溯精度

（1）追溯精度的定义　农产品质量安全追溯中可追溯到产业链源头的

最小追溯单元。由于目前生产水平和管理方式尚未完全摆脱粗放模式的影响，因此，这最小追溯单元基于生产实践。生产经营主体的记录可精确到种植户、种植户组等。

（2）确定追溯精度的原则　生产经营主体可依据自身生产管理现状，为满足追溯精度要求，对组织机构、工艺段和工艺条件作出小幅度更改。不必为质量安全追溯花费大量资金及人力，以致影响经济效益。因此，全国范围内生产经营主体的质量安全追溯的模式不完全相同，各有符合本企业的特色。追溯精度也如此，各生产企业的追溯精度可以不同。追溯精度的放大和缩小各有利弊。

①追溯精度放大的优点是管理简单、记录减少。例如，生产经营主体的追溯精度确定为某种植户组，则该种植户组的农药使用、化肥施用、收获、仓储均为统一；该种植户组内生产人员可随时换岗；追溯信息的记录只需一套；运输时，本种植户组的谷物可以随意混运；加工企业的仓库不必分区；加工成的产品可以混合。总之，只要是同一种植户组的谷物、加工后的产品均可混合，这便于生产和管理。但其缺点是一旦发生质量安全问题，查找原因、责任主体、改进工作，以至于奖惩制度的执行都较困难。再则，质量安全问题的产品数量大，涉及的批发商或零售商多，召回的经济损失及对企业的负面影响较大。

②追溯精度缩小的优缺点正好与之相反。因此，在管理模式和生产工艺不作重大变更的前提下，合理确定追溯精度是每个生产经营主体实施质量安全追溯前必须慎重解决的问题。

鉴于以上所述优缺点，一般来说，产品质量安全可控性强、管理任务又较繁重的企业，追溯精度可以适当放大；而产品质量安全可控性差、管理任务又不太繁重的企业，追溯精度可以适当缩小。另外，随着国内外贸易的扩展和质量安全追溯的深化，加工企业应改进管理和工艺，使追溯精度更小。当加工企业工艺变化或销售方式变化影响产品可追溯性时，应及时通知农业生产经营主体对追溯精度作出相应变化，以便追溯工作的实施与管理。从而促使追溯精度与实际生产过程相匹配，推进质量安全追溯发展，赢得消费者的赞赏。

9. 追溯深度

追溯深度为农产品质量安全追溯中可追溯到的产业链的最终环节。以生产企业作为质量安全追溯的主体，追溯深度有以下 5 类：

（1）加工企业　实施质量安全追溯的农业生产经营主体，其可追溯的谷物销售给谷物加工企业，追溯深度为谷物加工企业；或实施质量安全追溯的加工企业，其可追溯大米或其他谷物产品销售给食品加工企业，如米

粉生产企业，追溯深度也为食品加工企业。

（2）批发商　实施质量安全追溯的农业生产经营主体或加工企业，其追溯产品销售给批发商，追溯深度则为批发商。

（3）零售商　实施质量安全追溯的加工企业，其追溯产品销售给直销店或零售商，追溯深度为零售商。

（4）分销商　实施质量安全追溯的加工企业，其追溯产品销售给批发商及分销商，追溯深度为分销商。

（5）消费者　实施质量安全追溯的加工企业，其追溯产品直接销售给消费者，追溯深度为消费者。

10. 代码

代码是农产品质量安全追溯中赋值的基本形式。只有使用代码才能实施信息化管理，才能实施追溯。

（1）代码的基本知识

①代码表示形式。由于代码需表示诸多不同类型的内容，因此，其表示形式有以下 4 种：

（a）数字代码（又称数字码）。这是最常用的形式，即用一个或数个阿拉伯数字表示编码对象。数字代码的优点是结构简单、使用方便、排序容易、便于推广。在应用阿拉伯数字时，对"0"不予赋值，而是作为预留位的数字，以便今后用其他数字代替，赋予一定含义或数值。

（b）字母代码（又称字母码）。用一个或数个拉丁字母表示编码对象。字母代码的优缺点如下：

优点是容量大，两位字母码可表示 676 个编码对象，而两位数字码仅能表示 99 个编码对象；另一个优点是有时可提供人们识别编码对象的信息，如 BJ 表示北京，JMS 表示佳木斯，便于人们记忆。

缺点是不便于计算机等数据采集电子设备的处理。尤其是当编码对象数目较多、添加或更改频繁、编码对象名称较长时，常常会出现重复或冲突。因此，字母代码经常用于编码对象较少的情况。即使在这种情况下应用，尚须注意以下几点：

——当字母码无含义时，应尽量避免使用发音易混淆的字母，如 N 和 M，P 和 B，T 和 D；

——当出现 3 个或更多连续字母时，应避免使用原音字母 A、O、I、E、U，以免被误认为简单语言单词；

——在同一编码方案中应全部使用大写字母或小写字母，不可大小写字母混用。

（c）混合代码（又称数字字母码或字母数字码）。一般不使用混合代码，只有在特殊情况下才使用，如出口谷物需使用国际规定的流通码。混合代码包括数字和字母的代码，有时还可有特殊字符。这种代码同时具有数字代码和字母代码的优缺点。编制混合代码时，应避免使用容易与数字混淆的字母，如字母 I 与数字 1，字母 Z 与数字 2，字母 G 与数字 6，字母 B 和 S 与数字 8；还应避免使用相互容易混淆的字母，如字母 O 和 Q。

（d）特殊字符。部分特殊字符，如 &、@等，可用于混合代码中增加代码容量。但连字符（一）、标点符号（，。、等）、星形符号（＊）等不能使用。

②代码结构和形式。代码的结构包括由几个代码段组成、每个代码段的含义、这些代码段的位置、每个代码段有多少字符。例如，农产品追溯码由 4 个代码段组成，从左到右代码段的名称依次为生产者代码段、产品代码段、产地代码段、批次代码段（农产品追溯码示例见图 2-2）。每个代码段内字符数由具体情况而定。

③代码长度。代码长度指编码表达式的字符（数字或字母）数目，可以是固定的或可变的。但为了便于信息化管理，宜采用固定的代码长度，对当前不用而将来可能会用的代码长度，可以用"0"作为预留。例如，谷物产品代码段，当前仅有 5 个品种，只需 1 位代码长度；若考虑将来品种会增加到 15 种，则应有两位代码长度，当前产品代码为 01 至 05。需要注意的是，代码长度不应过长，这不利于电子信息的管理。

（2）质量安全追溯中所用代码

①组合码。组合码为由一些相互依存的并有层次关系的描述编码对象不同特性代码段组成的复合代码。例如，生产者的公民身份证编码采用组合码，公民身份证码示例见表 2-1。

表 2-1　公民身份证码示例

公民身份证码	含义
×××××××××××××××××××××××	公民身份证码的 18 位组合码结构
××××××	行政区划代码
××××××××	出生日期
×××	顺序码，其中奇数表示男性，偶数表示女性
×	校验码

该组合码分为 4 个代码段，共 18 位。前 2 个代码段分别表示公民的空间和时间特性，第三个代码段依赖于前 2 个代码段所限定的范围，第四个代码段依赖于前 3 个代码段赋值后的校验计算结果。

谷物追溯码示例见表 2-2。

表 2-2　谷物追溯码示例

追溯码	含义
××××××××××××××××××××××××	谷物追溯码的 25 位组合码结构
××××××	从业者代码
××××	产品代码
××××××	产地代码
××××××××	批次代码
×	校验码

该组合码分为 4 个代码段，共 25 位。第一个代码段是从业者代码段，表示谷物生产经营主体，包括经营者、生产者和经销商的全部或部分。第二个代码段是产品代码段，表示谷物产品的代码。第三个代码段是产地代码段，表示追溯产品生产地的代码，可用国家规定的行政区划代码，如以下所述的层次码。第四个代码段是批次代码段，如以下所述的并置码。第五个是校验码，依赖于前 4 个代码段 24 个代码赋值后的校验计算结果。

②层次码。层次码为以编码对象集合中的层次分类为基础，将编码对象编码成连续且递增的代码。如产地编码，采用 3 层 6 位的层次码结构。每个层次有 2 位数字，从左到右的顺次分别代表省级、市级、县级。较高层级包含且只能包含较低层级的内容，内容是连续且递增的，组成层次码，表示某县所属市、省，表达一个有别于其他县的确切唯一的生产地点。

例如，北京市的省级代码为 11，下一层市辖区的市级代码为 01，下一层东城区的县级代码为 01，因此生产地点在北京东城区的代码为 110101。

③并置码。并置码为由一些相互独立的描述编码对象不同特性代码段组成的复合代码。例如批次编码，采用 2 个代码段。第一个代码段为批次，用数字码，其位数取决于 1d 内生产的批次数，可用 1 位或 2 位。第二个代码段是生产日期代码，采用 6 位数字码，分别表示年、月、日，各用 2 位数字码。其批次和生产日期两个代码段是具不同特性的，批次与生产线、生产设施有关，而生产日期仅是自然数。

第三节　要　　求

一、追溯目标

【标准原文】

4.1　追溯目标

追溯的谷物可根据追溯码追溯到各个生产、加工、流通环节的产品、投入品信息及相关责任主体。

【内容解读】

1. 追溯码具有完整、真实的信息

追溯码具有的追溯信息完整、真实是保证能够根据追溯码进行追溯的基础，也是实施质量安全追溯的前提条件。如果没有完整和真实的追溯信息，顺向可追、逆向可溯便无从谈起。因此，对追溯码具有的追溯信息有以下要求：

（1）追溯信息应具有完整性 完整性是指信息覆盖种植、加工和流通整个产业链的所有环节。在信息内容上，应包括产品、投入品等所有追溯信息，即与追溯产品质量安全有关的信息。同时，还应包括明确的责任主体信息。

（2）追溯信息应具有真实性 真实性是指电子信息和纸质信息保持一致，且符合实际生产、管理情况。

2. 追溯方式

质量安全追溯是依据追溯信息，从产业链终端向始端进行客观分析、判定的过程。生产经营主体应明确追溯产品的流向信息，然后从产业链的终端向始端方向进行回溯。例如，加工企业的追溯产品为大米，执行的产品标准为 NY/T 419—2014《绿色食品 稻米》，流向共包括 8 个环节，分属于农产品生产经营主体 3 个，运输单位 1 个，大米加工厂 4 个。对应设立与质量安全有关的信息采集点为 8 个，组成信息流。大米加工厂物流和信息流示例见图 2-3。

例如，当某市售大米的型式检验查出其中重金属镉残留量为 0.3mg/kg，超过 GB 2762—2017《食品安全国家标准 食品中污染物限量》中规定的限量 0.2mg/kg 时，企业就须实施追溯，步骤如下：

由于重金属镉超标不会发生在运输、销售、包装、储存环节，因此，最后端是检验环节，从信息采集点 6 查找，发生重金属镉超标的原因有 3 个或其中之一：

（1）检验有误 检验有误的主要原因是检验方法应用错误、检验操作不当、检验结果计算错误等。因此，检验方法、人员、操作、仪器、量具和计算等所有影响检验结果的因素应进行规范。如果是检验有误导致的结果偏差，应对样品进行复检，以便确保检验结果的准确性。

（2）检验样本量不足 样本量不足可能导致所检样品合格，而不合格样品未被检到、漏检，从而样品合格不能代表产品合格。因此，抽样时应充分考虑抽样量，使样品的检验结果能代表产品质量。

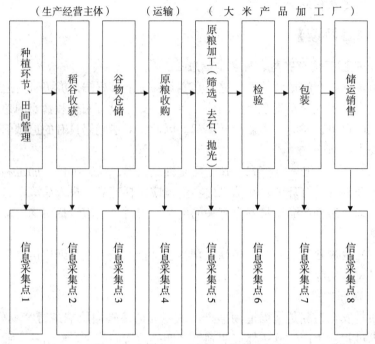

图 2-3 大米加工厂物流和信息流示例

（3）样品均质不当 样品均质不当可能存在取样部位代表性差、样品混合和均质不准的问题，使本来能代表产品的样品得不到质量均匀的实验室样品，从而导致错误结果。因此，取样时应随机取样，并充分均质化。

鉴于以上原因，责任主体应是相关的抽样或检验人员。

如检验环节无误，则继续向始端回溯至加工环节的信息采集点 5，检查加工用水是否符合国家要求。如不符合，则加工环节的执行部门和个人为责任主体。

若以上环节均没有问题，则继续向始端回溯至水稻种植环节的信息采集点 1。造成重金属镉超标的主要原因可能是种植过程中的灌溉用水、植物生物富集作用或者投入品使用等，造成产品中重金属镉超标。

因此，实施质量安全追溯的目的是查找质量安全问题的原因，明确其责任主体，并进行针对性的改进工作，提高可追溯产品的质量安全水平。

二、机构和人员

【标准原文】

4.2 机构或人员

追溯的企业、组织或机构应指定机构与人员负责追溯的组织、实施、监控和信息的采集、上报、核实及发布等工作。

【内容解读】

设立机构和指定人员是从组织上保证农产品质量安全追溯工作顺利进行的重要举措。具备一定规模的生产经营主体应设置专门机构（如质量安全追溯办公室）或指定专门人员负责组织、管理追溯工作；规模较小的生产经营主体应指定专门人员负责农产品质量安全追溯工作的实施。

1. 机构和人员的职责

机构和人员的职责应满足以下要求：

（1）**职责明确** 依据农产品质量安全追溯的要求，将整个工作（制度建设、业务培训、追溯系统网络建设、系统运行与管理、信息采集及管理等）分解到各个部门，落实到每个工作人员。职责既不可空缺，也不可重复，以便查找问题及责任界定。例如，生产记录表格的设计定稿、填写人员等，都应明确责任主体。一旦发生不可追溯，若是由记录人员的填写错误所致，则由记录人员负责；若是记录表格缺少应有项目致使追溯中断，则由设计定稿人员负责。再如，为保证培训效果以及培训的针对性，培训时应明确培训计划、授课人、授课对象等。若存在工作人员操作不当或操作不熟练的现象，培训计划应有操作相关内容，且听课人在培训签到表上签字；若培训计划有操作相关内容，授课人培训时未对该部分内容进行充分讲解，导致听课人未能充分理解，则授课人对此负责，并进行重新培训；若培训计划中未列入该内容，则培训计划制订人对此负责。总之，职责明确是保证质量安全追溯工作顺利进行的关键。

（2）**人员到位** 追溯工作分解到人时，应将全部工作明确分给每个工作人员。工作分解到人可以有两种表示方式：

①明确规定某职务担任某项工作。这种定岗定责方式的优点是，当发生人员变动时，只要该职务不废除，谁承担该职务，谁就承担该工作，不至于由于人员变动导致无人接手相关工作的局面，从而影响追溯工作的有效衔接。

②明确担任某项工作人员的姓名。这种表示方式的好处是直观，但当发生人员变动时，需及时修改相关任命文件。

2. 工作计划

（1）**工作计划的制订** 农业生产经营主体在制订工作计划时应根据自身生产实际，将全部质量安全追溯工作内容纳入计划、统筹考虑，并确定执行时间（依据轻重缓急和任务难易可按周、月或季执行）、执行机构或人员、执行方式等。

（2）工作计划的执行　执行工作计划时应记录执行情况，包括内容、执行部门或人、执行时间和地点以及完成及改进情况等。

（3）工作计划的监管检查　监管检查时应形成检查报告，包括检查机构或人员、检查时间、检查内容、检查结果，以便后续改进。

3. 信息采集、上报、核实和发布

由于信息采集人员是接触信息的一线人员，其采集信息的真实性、完整性直接影响追溯工作的顺利进行。因此，在指定机构和人员负责追溯工作的文件中应明确信息采集人员，以便在出现问题时能直接找到相关责任人。信息采集人员对信息记录的真实性、完整性负责。

三、设　备

【标准原文】

4.3　设备

追溯的谷物生产企业、组织或机构应配备必要的计算机网络设备、条码识读设备、非接触扫描设备、条码打印设备和软件系统等，以满足追溯要求。

【内容解读】

1. 计算机等电子设备

计算机等电子设备是农产品质量安全追溯的重要组成部分，是快速、有效地进行信息采集、信息处理、信息传输和信息查询的信息化工具，普遍应用于农产品质量安全追溯中。计算机示例见图 2-4。

图 2-4　计算机示例

2. 移动数据采集终端（PDA、手持终端、手持机等）

移动数据采集终端是快速、高效、便携的电子设备，它可用于产业链过程中各环节电子信息的采集，如谷物种植和收获、投入品、运输、销售信息的采集等。移动数据采集终端示例见图 2-5。

3. 工控机

工控机是用于特殊环境下的信息化工具，如谷物加工车间、包装车间等。它与普通计算机的差别如下：

（1）外观 普通计算机机箱是开放、不密封的，表面上有较多散热孔，有一个电源风扇向机箱外吹风散热。而工控机机箱则是全封闭的，所用的板材较厚，更结实，重量比普通计算机重得多，可以防尘，还可屏蔽环境中电磁等对内部的干扰。机箱内有一个电源风扇，可保持机箱内更大的正压强风量。

（2）结构 相对于普通计算机，工控机有一个较大的母板，有更多的扩展槽，CPU 主板和其他扩展板插在其中，这样的母板可以更好地屏蔽外界干扰。同时，电源用的电阻、电容和电感线圈等元器件级别更高，具有更强的抗冲击、抗干扰能力，带载容量也大得多。工控机示例见图 2-6。

图 2-5 移动数据采集终端示例

图 2-6 工控机示例

4. 网络设备

网络设备的合理运用可保证网络通信的有效和畅通。应建立有效的通信网络，确使各信息采集点的信息传递渠道畅通。可采用以下 4 种方式：

（1）通过 ADSL 上网。

（2）通过光纤方式上网。

（3）建立局域网 对于在一栋建筑物内、信息交换比较频繁的场所，应建立局域网，实现实时共享，减少各采集点数据导入、导出等操作。

（4）无线上网 对于不具备以上条件，信息交换又比较频繁，应采用此方式。

5. 标签打印机

追溯产品为预包装食品，且包装容器（如纸箱等）有利于粘贴标签，则应配备标签打印机。标签打印机数量根据生产经营主体日产量、日包装量和日销售量等生产实际情况配置。在条件允许的情况下，生产经营主体宜配置一台备用机，以应对突发状况。标签打印机示例见图 2-7。

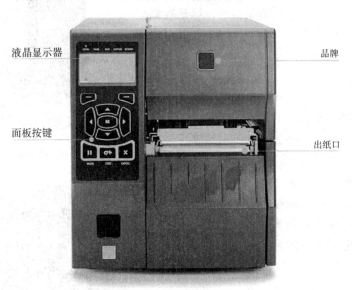

图 2-7　标签打印机示例

6. 喷码机或激光打码机

喷码机是运用带电的墨水微粒，根据高压电场偏转的原理，可在各种不同材质的包装表面上非接触地喷印图案、文字和代码。喷码机型式多样，有小字符系列、高清晰系列、大字符系列等。当追溯产品包装为塑料袋或编织袋等不适宜粘贴标签的，如袋装大米、玉米等，应配备喷打码机。小字符喷码机系列示例见图 2-8。

激光打码机使用软件偏转激光束，利用激光的高温直接烧灼需标识的产品表面，形成图案、文字和代码。与普通的墨水喷码机相比，激光打码机的优点主要如下：

（1）降低生产成本，减少耗材，提高生产效率。

（2）防伪效果很明显，所以激光打码技术可以有效地抑制产品的假冒标识。

（3）能在极小的范围内打印大量数据，打印精度高，打码效果好且美观。

（4）设备稳定度高，可 24h 连续工作，激光器免维护时间长达 2 万 h

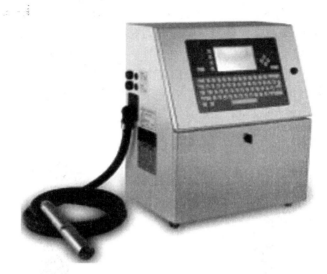

图 2-8 小字符喷码机系列示例

以上。温度适应范围宽（5～45℃）。

（5）环保、安全，不产生任何对人体和环境有害的化学物质。激光打码机是环保型高科技产品。激光打码机示例见图 2-9。

图 2-9 激光打码机示例

当追溯产品采用塑料包装时，塑料封口机可与喷码机或激光打码机组成一体机，便于操作和打印计数。

7. 条码识别器（又称条码阅读器、条码扫描器）

条码是将线条与空白按照一定的编码规则组合起来的符号，用以代表一定的字母、数字等资料。在进行识别时，是用条码识别器扫描，得到一组反射光信号。此信号经光电转换后变为一组与线条、空白相对应的电子信号，经解码后还原为相应的数字和文字，然后传入计算机。条码识别器可用于条码（即一维条码）和二维码（即二维条码）。一维条码识别器示例见图 2-10，二维条码识别器示例见图 2-11。

图 2-10　一维条码识别器示例　　　　图 2-11　二维条码识别器示例

8. 软件

软件系统的科学合理性直接关系质量安全追溯工作的成效。软件系统的开发设计应以生产实际需求为导向，采用多层架构和组件技术，形成从田间记录到市场监管一套完整的农产品质量安全追溯信息系统。软件系统定制时，生产、加工过程中各投入品的使用以及产品检测等为必须定制项目；其他不影响产品质量安全的环节，则可选择性定制。同时，软件系统应满足其追溯精度和追溯深度的要求。

四、管理制度

【标准原文】

4.4　管理制度

追溯的谷物生产企业、组织或机构应制定产品质量安全追溯工作规范、信息采集规范、信息系统维护和管理规范、质量安全问题处置规范等相关制度，并组织实施。

【内容解读】

标准原文所述的 4 个方面制度内容是质量安全追溯的基本内容，还可增加其他制度实施管理。产品质量安全追溯工作规范规定质量安全追溯的总体要求，设计质量安全追溯内容的总体管理。信息采集规范是实施质量安全追溯的基本条件，包括电子信息和纸质信息的采集内容、方式、传输。信息系统维护和管理规范是质量安全追溯实施的核心，为保证信息系统的高效、准确运行而应采取的日常管理和维护方法。质量安全问题处置规范是一旦质量安全追溯产品发生质量安全问题，如何应用追溯码及所反映的信息对该追溯产品的处置。

【实际操作】

信息采集规范可以与信息系统维护和管理规范合并成一个制度叙述。质量安全问题处置规范可以放在产品质量安全事件应急预案内，作为其中一个内容叙述。以下叙述制度的管理和内容：

1. 管理制度

管理是在社会组织中，为了实现既定目标，以人为中心进行的控制与协调活动。生产经营主体为了不同的目标实施不同的管理模式，如新中国成立初期实施过"全面质量控制"（TQC），而当今又有"危害分析与关键控制点"（HACCP）等。为规范农产品质量安全追溯的实施，保障追溯体系的运行，同样需要制定一套管理制度。它与其他企业管理有共性，也有个性。生产经营主体实施质量安全追溯管理是建立在以往各种管理模式中积累的经验基础之上的。企业应依托现有基础，认真学习与领会质量安全追溯管理的个性，即与其他管理模式不同的特点，从而制定追溯相关制度。制度的管理包括 4 个环节，即制定、执行、检查和改进。

（1）制定　制度文件制定时应按照"写我所做、写我能做"的要求，涵盖质量安全追溯工作实际的所有内容，并确立明确的目标要求以及达到目标所应采取的措施，包括组织、人员、物质、技术、资金等。制度中所确立的目标应在生产经营主体能力范围内，且是必须达到的目标要求，而不切实际的目标和内容一律不得列入制度文件中，如追溯产品质量控制方案中列出的控制人气污染等。此外，不影响目标实施以及产品质量安全的内容也可以不在制度文件中列出。

（2）执行　指定的机构或人员应按照制度文件进行执行。当执行过程中发现制度内容与生产经营主体生产实际不符时，应告知相关人员对制度文件进行修订。指定机构或人员执行与否依据执行记录进行判定。

以追溯技术培训为例，追溯技术培训是每个质量安全追溯生产经营主体必须进行的一项工作，同时也是非常重要的一项工作。当执行追溯技术培训这项具体工作时，应有培训计划、培训通知、授课内容、听课人签到及其相关证明材料。同时，培训结束后应有相应的总结。

需要注意的是，因计划属于预先主观意识，执行属于客观行为，在执行过程中允许与计划有所出入、差别。俗话说"计划赶不上变化"，从唯物辩证观点出发，一切以实际为准，以达到预期目标为准。

（3）检查　相关工作结束后，需对执行效果与制度文件中确立的目标进行对比评估，分析不足、总结经验。例如，对追溯技术培训的培训人员相关操作的准确性及熟练性进行检查评估是否达到预期的效果。

（4）改进　除了规范追溯体系实施、促进追溯理念发展、推广经验外，更重要的是纠正具体实践中发现的问题以及改进制度制定、执行中的不足。例如，追溯技术培训后，若检查时发现培训效果欠佳，仍有部分人员对追溯相关技术不甚理解、熟练，则仍需进行再次培训。即不断发现问题、改进问题的过程。

改进不是一劳永逸的，需在后续的工作中循环制定、执行、检查和改进这一程序，直至达成既定目标。

农产品质量安全追溯制度的制定首先要立足于自身的生产实际与需求，同时，还应结合相关部门发布的有关农产品质量安全追溯工作文件。为确保追溯工作的顺利开展，需要制定质量安全追溯工作规范、信息采集规范、信息系统维护和管理规范、质量安全问题处置规范等制度，以上制度构成了质量安全追溯的最基本制度。此外，还可以制订与制度相配套的工作方案等，如产品质量控制方案。

2. 基本制度

（1）**质量安全追溯工作规范**　质量安全追溯工作规范作为追溯工作的基本制度，其规范的对象是追溯工作，涉及质量安全追溯的所有工作，管理范畴无论在空间上、还是在时间上都更为宽泛。由于有其他 3 个制度，因此它的内容包括其他 3 个制度以外的所有内容，即质量安全追溯的组织机构、人员与职责；制度建设原则与程序；工作计划制订与实施；人员培训；追溯工作监督与自查，以及有关管理、操作、监督部门的职责等。同时，还应注意它与其他具体制度性管理文件的相关关系。

（2）**信息采集规范、信息系统维护和管理规范**　该制度内容包括信息采集点的设置；信息采集内容；传输方式；纸质信息和电子信息安全防护要求；上传时效性要求；专用设备领用、维护记录；系统运行维护；追溯码的组成，代码的含义；标签打印机的维护，标签打印使用记录，以及有关管理、操作、监督部门的职责等，如纸质记录的记录表格设计、记录规范、记录时限、交付电子录入人员时限；电子录入人员的纸质记录审核，软件的确定和应用，备份的设备要求、备份的时限，电子信息安全措施、上传时限。

（3）产品质量控制方案　该制度制定时需依据追溯产品的有关法律法规和标准，结合生产经营主体的实际情况。因此，同样是谷物生产企业，产品质量控制方案也不尽相同。

在条款内容上，应包括编制依据、适用范围、组织机构与职责、关键控制点设置、控制目标（安全参数和临界值或技术要求）和监控（检验）方法、控制措施、纠偏措施、实施效果检查等内容要求。

在技术内容上，应包括符合生产经营主体生产实际的追溯产品生产流程图；准确合理设置关键控制点；控制目标（安全参数和临界值或技术要求）、监控（检验）方法、控制措施和纠偏措施。其中，纠偏措施应准确、及时，应符合控制目标。

（4）质量安全问题处置规范　该制度制定时需依据追溯产品的有关法律法规和标准，结合生产经营主体的实际情况。该制度内容应包括组织机构和应急程序、应急项目、控制措施、质量安全事件处置，以及有关管理、操作、监督部门的职责等。

为了验证应急预案的可行性，需作应急演练。演练的项目是依据产品标准所涉及的质量安全项目。例如，谷物追溯产品可以演练农药残留、重金属、微生物等。

应急预案的对象应是产品标准规定项目。例如，绿色食品大米，应急预案对象为重金属（涉及灌溉水水质、肥料质量、加工用水）、农药残留（涉及农药购入、农药施用、收获时间）、微生物（涉及储藏条件）。

第四节　编码方法

一、种植环节

（一）产地编码

【标准原文】

5.1.1　产地编码

按 NY/T 1761 的规定执行。地块编码档案至少包括以下信息：区域、面积、产地环境等。

【内容解读】

NY/T 1761《农产品质量安全追溯操作规程　通则》是中华人民共和国农业行业标准，该标准中"5.2.2.2　产地编码"规定编码方法按 NY/T 1430《农产品产地编码规则》的规定执行。国有农场产地编码采

用 31100＋全球贸易项目代码＋7 位地块（圈、舍、池或生产线）代码组成。地块（圈、舍、池或生产线）代码采用固定递增格式层次码，第一位和第二位代表管理区代码，第三位和第四位代表生产队代码，第五位至第七位代表地块（圈、舍、池或生产线）顺序代码。

中华人民共和国农业行业标准 NY/T 1430—2007《农产品产地编码规则》自 2007 年 12 月 1 日实施，该标准详细规定了农产品产地单元划分原则、产地编码规则、产地单元数据要求。

农产品产地单元是指根据农业管理需要，按照一定原则划分的、边界清晰的多边形农产品生产区域。

产地单元划分应遵循以下原则：

——法定基础原则：应基于法定的地形测量数据进行；

——属地管理原则：产地单元的最大边界为行政村的边界，不应跨村分割；

——地理布局原则：按照农产品产地中的沟渠、河流、湖泊、山丘、道路等地理布局进行划分；

——相对稳定原则：宜保持相对稳定，不宜经常调整；

——因地制宜原则：应根据不同地区的特点和发展要求进行划分。

农产品产地单元在时间和空间定义上应有唯一的编码。产地单元变更时，其源代码不应占用，变更后的农产品产地单元按照原有编码规则进行扩展。

NY/T 1430—2007《农产品产地编码规则》中规定：农产品产地代码由 20 位数字组成，农产品产地代码结构示例见图 2-12。

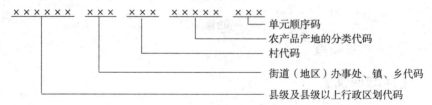

图 2-12　农产品产地代码结构示例

农产品产地编码宜采用十进位的数字码，应在信息采集规范、信息系统维护和管理规范制度中写明代码的含义，数字码便于信息化运行，不应采用字母码或汉字。其产地地块编码档案应与种植的作物种类相对应，其内容信息可以使用汉字，至少应包括种植区域、面积、产地环境等。

"全球贸易项目代码"应用标识符在 EAN·UCC 系统中以 AI（01）表示。EAN·UCC 系统是由国际物品编码协会（EAN）和美国统一代码委员会（UCC）共同开发、管理和维护的全球统一和通用的商业语言，为贸易产品与服务（即贸易项目）、物流单元、资产、位置以及特殊应用领域等提供全球唯一的标识。

"7位地块（圈、舍、池或生产线）代码"采用的是固定递增格式层次码，类似图2-12介绍的农产品产地代码结构示例编码方式。在这7位代码段中，前两位代表"管理区代码"，如该国有农场共有10个管理区，则可将数字代码01～10分别表示10个管理区；中间两位代表"生产队代码"，如该国有农场某个管理区有5个生产队，则可将这5个生产队分别用数字代码01～05表示；后三位代表"地块（圈、舍、池或生产线）顺序代码"，宜采用十进位数字模式按地块（圈、舍、池或生产线）排列顺序编码。地块划分应以谷物种植品种、地理位置、所属单位或种植户等特性相对一致的最大地理区域为同一编码。

【实际操作】

1. 产地县级及以上行政区划分代码

县级及县级以上行政区域代码包括数字代码和字母代码。

（1）数字代码（简称数字码） 按照 GB/T 2260—2007/XG1—2016《中华人民共和国行政区划代码》国家标准第1号修改单标准规定，采用3层6位的层次码结构：每个层次有2位数字，按层次从左至右的顺次分别表示我国各省（自治区、直辖市、特别行政区）、市（地区、自治州、盟）、县（自治县、县级市、旗、自治旗、市辖区、林区、特区）。数字码码位结构从左至右的具体含义是：

第一层即前两位代码表示省、自治区、直辖市、特别行政区，省、自治区、直辖市、特别行政区代码见表2-3。

表2-3 省、自治区、直辖市、特别行政区代码

名称	罗马字母拼写	数字代码	字母代码
北京市	Beijing Shi	110000	BJ
天津市	Tianjin Shi	120000	TJ
河北省	Hebei Sheng	130000	HE
山西省	Shanxi Sheng	140000	SX
内蒙古自治区	Nei Mongol Zizhiqu	150000	NM
辽宁省	Liaoning Sheng	210000	LN
吉林省	Jilin Sheng	220000	JL
黑龙江省	Heilongjiang Sheng	230000	HL

（续）

名称	罗马字母拼写	数字代码	字母代码
上海市	Shanghai Shi	310000	SH
江苏省	Jiangsu Sheng	320000	JS
浙江省	Zhejiang Sheng	330000	ZJ
安徽省	Anhui Sheng	340000	AH
福建省	Fujian Sheng	350000	FJ
江西省	Jiangxi Sheng	360000	JX
山东省	Shandong Sheng	370000	SD
河南省	Henan Sheng	410000	HA
湖北省	Hubei Sheng	420000	HB
湖南省	Hunan Sheng	430000	HN
广东省	Guangdong Sheng	440000	GD
广西壮族自治区	Guangxi Zhuangzu Zizhiqu	450000	GX
海南省	Hainan Sheng	460000	HI
重庆市	Chongqing Shi	500000	HN
四川省	Sichuan Sheng	510000	SC
贵州省	Guizhou Sheng	520000	GZ
云南省	Yunnan Sheng	530000	YN
西藏自治区	Xizang Zizhiqu	540000	XZ
陕西省	Shaanxi Sheng	610000	SN
甘肃省	Gansu Sheng	620000	GS
青海省	Qinghai Sheng	630000	QH
宁夏回族自治区	Ningxia Huizu Zizhiqu	640000	NX
新疆维吾尔自治区	Xinjiang Uygur Zizhiqu	650000	XJ
台湾省	Taiwan Sheng	710000	TW
香港特别行政区	Hongkong Tebiexingzhengqu	810000	HK
澳门特别行政区	Macau Tebiexingzhengqu	820000	MO

第二层即中间两位代码表示市、地区、自治州、盟、直辖市所辖市辖区/县汇总码、省（自治区）直辖县级行政区划汇总码，其中：

——01～20、51～70 表示市；01、02 还表示直辖市内的直辖区或直辖县的汇总码；

——21～50 表示地区、自治州、盟；

——90 表示省（自治区）直辖县级行政区划汇总码。

第三层即后两位代码表示县、自治县、县级市、旗、自治旗、市辖区、林区、特区，其中：

——01～20、51～80 表示市辖区、地区（自治州、盟）辖县级市、市辖特区以及省（自治区）直辖县级行政区划中的县级市，01 一般不被市辖区使用；

——21～50 表示县、自治县、旗、自治旗、林区；

——81～99 表示省（自治区）辖县级市。

例如，黑龙江省佳木斯市桦南县对应的行政区划代码为 230822。

（2）字母格式代码（简称字母码） GB/T 2260—2007/XG1—2016《中华人民共和国行政区划代码》国家标准第 1 号修改单标准规定，行政区划字母码要遵循科学性、统一性、实用性的编码原则，参照县及县以上行政区划名称的罗马字母拼写，取相应的字母编制。具体操作如下：

——省、自治区、直辖市、特别行政区的字母码用两位大写字母表示；

——市、地区、自治州、盟、自治县、县级市、旗、自治旗、市辖区、林区、特区用三位大写字母表示。

行政区划名称的罗马字母拼写一般采用汉语地名的罗马字母拼写，但当行政区划名称以蒙古语、维吾尔语、藏语命名时，其行政区划名称的罗马字母拼写执行相应的民族语言音译转写规定；台湾省和香港特别行政区、澳门特别行政区的罗马字母拼写遵循国家有关规定；当行政区划名称中含有民族名称时，该民族名称的罗马字母拼写执行 GB/T 3304—1991《中国各民族名称的罗马字母拼写法和代码》的规定执行。

市级和县级的代码表以上海市所辖区县为例，上海市（310000 SH）代码见表 2-4。

表 2-4 上海市（310000 SH）代码

名称	罗马字母拼写	数字代码	字母代码
市辖区	Shixiaqu	310100	
黄浦区	Huangpu Qu	310101	HGP
徐汇区	Xuhui Qu	310104	XWI
长宁区	Changning Qu	310105	CNQ
静安区	Jing'an Qu	310106	JAQ

物产品质量追溯实用技术手册
GUWUCHANPINZHILIANGZHUISUSHIYONGJISHUSHOUCE

（续）

名称	罗马字母拼写	数字代码	字母代码
普陀区	Putuo Qu	310107	PTO
虹口区	Hongkou Qu	310109	HKQ
杨浦区	Yangpu Qu	310110	YPU
闵行区	Minhang Qu	310112	MHQ
宝山区	Baoshan Qu	310113	BSQ
嘉定区	Jiading Qu	310114	JDG
浦东新区	Pudong Xinqu	310115	PDX
金山区	Jinshan Qu	310116	JSH
松江区	Songjiang Qu	310117	SOJ
青浦区	Qingpu Qu	310118	QPU
奉贤区	Fengxian Qu	310120	FXQ
崇明区	Chongming Qu	310151	CMI

2. 产地县级以下行政区域代码

依据 GB/T 10114—2003《县级以下行政区划代码编制规则》标准规定，县级以下行政区域代码采用 2 层 9 位的层次码结构，县级以下行政区划代码示例见图 2-13。

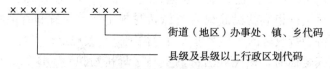

图 2-13　县级以下行政区域代码示例

注：1. 县级以下行政区划代码应按隶属关系和上述"001～399"代码所代表的区划类型，统一排序后进行编码。

　　2. 在编制县级以下行政区划代码时，当只表示县及县以上行政区划时，仍然采用 2 层 9 位的层次码结构，此时图中所示代码结构中的第二段应为 3 个数字 0，以保证代码长度的一致性。

第一层代表县级及县级以上行政区域代码，由 6 位数字组成；第二层表示县级以下行政区域代码——街道（地区）办事处、镇、乡代码（第二段 3 位代码），采用 3 位数字组成，具体划分为：

——001～099 表示街道（地区）；

——100～199 表示镇（民族镇）；

——200～399 表示乡、民族乡、苏木（苏木作为内蒙古自治区的基层行政区域单位，在本标准中按乡来对待）。

46

县级以下行政区域代码见表 2-5。

表 2-5 县级以下行政区域代码

名称	代码
……	……
××市	×××00000
市辖区	×××01000
××区	×××××000
××街道（或地区）	×××××001
……	……
××镇（或民族镇）	×××××1××
……	……
××乡（或民族乡、苏木）	×××××2××
……	……
××市（县级）	×××××000
××街道	×××××001
……	……
××镇（或民族镇）	×××××1××
……	……
××乡（或民族乡、苏木）	×××××2××
……	……
××县	×××××000
××街道	×××××001
……	……
××镇（或民族镇）	×××××1××
……	……
××乡（或民族乡、苏木）	×××××2××
……	……

对于不属于行政区划范畴的政企合一单位（农场、林场、牧场等），当需要对其所在区域进行编码时，可参照 GB/T 10114—2003《县级以下行政区划代码编制规则》。第一层代表县级及县级以上行政区域代码，由 6 位数字组成；第二层表示该牧场或农场，在 001～399 以外采用 3 位数字。具体信息可在 http://www.mca.gov.cn/article/sj/（中华人民共和国民政部-民政数据-行政区划代码）查询。

例如，黑龙江省佳木斯市桦南县曙光农场的行政区划代码为：230822500。

3. 第三至第五段代码

（1）村代码　第三段为村代码，由所属乡镇进行编订。具体信息可在 http：//www.mca.gov.cn/article/sj/（中华人民共和国民政部-民政数据-行政区划代码）查询。

例如，黑龙江省佳木斯市桦南县明义乡团结村的行政区划代码为：230822214216。

（2）农产品产地的分类代码　第四段为农产品产地属性代码，依据 GB/T 13923—2006《基础地理信息要素分类与代码》标准中规定的编码结构和要素分类，编码结构见表2-6。

表2-6　编码结构

码位	类别
6位编码	大类（1位码）
	中类（1位码）
	小类（1位码）
	子类（1位码）

（3）单元顺序码　第五段为单元顺序码，具体由其所属行政村编订。

4. 国有农场产地编码

NY/T 1761《农产品质量安全追溯操作规程　通则》中的5.2.2.2 产地编码对国有农场产地编码方法有特殊规定：国有农场产地编码采用 31100＋全球贸易项目代码＋7位地块（圈、舍、池或生产线）代码组成。地块（圈、舍、池或生产线）代码采用固定递增格式层次码，第一位和第二位代表管理区代码，第三位和第四位代表生产队代码，第五位至第七位代表地块顺序代码。

国有农场产地编码应由14位代码组成，国有农场产地编码结构示例见图2-14。

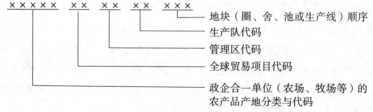

图2-14　国有农场产地编码结构示例

种植环节产地编码档案信息记录表示例见表 2-7。

表 2-7 产地编码档案信息记录表示例

区域	地块编号	种植面积	产地环境	负责人

(二) 种植者编码

【标准原文】

5.1.2 种植者编码

生产、管理相对统一的种植户、种植组统称为种植者，应对种植者进行编码，并建立种植者编码档案。种植者编码档案至少包括以下信息：姓名或户名、组名、种植区域、种植面积、种植品种。

【内容解读】

种植户编码可以用数字按其居住位置或姓名罗马字母排列顺序编写，种植户姓名应为二代身份证所示姓名；组名、种植区域、种植品种用数字或字母编码。种植面积应体现亩或公顷的数字代码。

【实际操作】

种植者（户、组）编码档案信息记录表示例见表 2-8。

表 2-8 种植者（户、组）编码档案信息记录表示例

姓名或户名	组名	种植区域	种植面积	种植品种

(三) 收获者编码

【标准原文】

5.1.3 收获者编码

生产、管理相对统一的收获户、收获组统称为收获者，应对收获者进行编码，并建立编码档案。编码档案至少包括以下信息：收获者姓名或户名、组名、收获数量、收获区域、收获面积、收获品种、收获质量。

【内容解读】

收获者编码可以用数字按其居住位置或姓名罗马字母排列顺序编写，

收获户姓名应为二代身份证所示姓名；组名、收获区域、收获品种用数字或字母编码。收获面积、收获质量用数字代码。

【实际操作】

收获者编码档案信息记录表示例见表2-9。

表2-9　收获者编码档案信息记录表示例

姓名	组名	数量	区域	面积	品种	质量	负责人

二、加工环节

【标准原文】

5.2.1　收购批次编码

应对收购批次编码，至少包括以下信息：数量、收购标准。

5.2.2　加工批次编码

应对加工批次编码，至少包括以下信息：加工工艺或代号。

5.2.3　包装批次编码

应对包装批次编码，至少包括以下信息：谷物等级、产品检测结果。

5.2.4　分包设施编码

应对分包设施编码，至少包括以下信息：位置、防潮状况、卫生条件。

5.2.5　分包批次编码

应对分包批次编码，并记录大包装追溯编号，形成小包装追溯编号，分包后产品库存设施编码。

【内容解读】

1. 收购批次编码

加工企业在收购原料时应对收购批次进行编码，并记录相关信息。当每天仅有一个收购批次时，收购批次代码可用收购日期代码；当每天有多个收购批次时，应对不同批次进行编码，收购批次代码可由收购日期加批次组成，批次代码为数字。收购批次编码档案可使用汉字，其内容应至少包括以下信息：数量、收购标准等。

2. 加工批次编码

加工企业在加工产品时应对加工批次进行编码，并记录相关信息。当每天仅有一个加工批次时，加工批次代码可用加工日期代码；当每天有多个加工批次时，应对不同批次进行编码，加工批次代码可由加工日期加批次组成，批次代码为数字。加工批次编码档案可使用汉字，其内容应至少包括以下信息：原料来源、加工工艺或代号等。

3. 包装批次编码

加工企业在包装产品时应对包装批次进行编码，并记录相关信息。当每天仅有一个包装批次时，包装批次代码可用包装日期代码；当每天有多个包装批次时，应对不同批次进行编码，包装批次代码可由包装日期加批次组成，批次代码为数字。包装批次编码档案可使用汉字，其内容应至少包括以下信息：等级、产品检测结果。

4. 分包设施编码

加工企业应对不同分包设施进行编码，分包设施可采用数字码。如果少于 10 个，则用一位数字码表示；如果多于 10 个，则用两位数字码表示。分包设施编码档案可使用汉字，其内容应至少包括以下信息：位置、防潮状况、卫生条件。

5. 分包批次编码

加工企业在分包产品时应对分包批次进行编码，并记录相关信息。当每天仅有一个分包批次时，分包批次代码可用分包日期代码；当每天有多个分包批次时，应对不同批次进行编码，分包批次代码可由分包日期加批次组成，批次代码为数字。分包批次编码档案可使用汉字，其内容应至少包括以下信息：大包装追溯编号，形成小包装追溯编号，分包后产品库存设施编码。

【实际操作】

1. 追溯信息编码

追溯信息编码是将编码对象赋予具有一定规律（代码段的含义、代码位置排列的顺序、代码的含义、校验码的计算都作出具体规定）、易于电子信息采集设备和人识别处理的符号。因此，农产品质量安全追溯信息编码的内容应包括代码表达的形式（数字或字母）、表示的方法（例如校验码的计算，农业生产经营主体所用数字或字母的含义，应在农业生产经营主体的工作制度中明确规定，以免误用）。

（1）追溯信息编码用途

①对编码对象进行标识。犹如"身份证"，这样编码就与对象组成了一个唯一性的联系。

②对编码对象进行分类。对编码对象进行分类后，便可从编码上看出其属于哪一类。例如，农业生产经营主体属于种植还是加工，属于初加工

还是深加工；产地属于省级还是市级或县级。

③对编码对象进行识别。确定编码对象的性质，尤其是用于农产品质量安全追溯。

因此，信息编码是实施质量安全追溯的重要前提。信息编码的成功与否直接关系到当前及今后的质量安全追溯。

（2）信息编码原则

①唯一性。一个代码仅表示一个对象，一个对象也只有一个代码。

②合理性。代码结构应与生产实践相适应。

③可扩充性。代码应留有适当的后备容量，以适应不断扩充的需要。常用数字0作为后备代码，其他数字都可定义含义。而容量的大小取决于生产实践，例如产品代码，现有5种产品，用1～5表示。若企业考虑将增加到数十种，则产品代码段为2位，现有产品代码用01～05。

④简明性。代码结构应尽量简单，长度尽量短，尤其是预留位宜少不宜多，便于信息录入，减少差错率，减少存储容量。

⑤适用性。代码尽可能反映编码对象的特征，如生产时间的代码取6位，分别用2位表示年、月、日，而不是8位（年用4位，月、日分别用2位）。但有的代码没有实际意义。

⑥规范性。编码时应按统一规定进行编码。参与国际贸易的应用EAN·UCC系统，用于农产品质量安全追溯的按农业农村部规定的编码结构实施。

（3）信息编码形式　追溯信息编码是农产品质量安全追溯信息查询的唯一代码。当农业生产经营主体完成生产时，必须同时完成农产品质量安全追溯信息编码。农产品质量安全追溯信息代码可由产业链中各工艺段的代码组合而最终形成；也可无工艺段代码，形成最终追溯产品时一次形成。其形式有以下3种：

①采用GB/T 16986—2018《商品条码　应用标识符》中EAN·UCC系统应用标识符。应用标识符是标识数据含义与格式的符号，例如全球贸易项目代码用AI（01）表示；格式N2＋N14表示标识符中有2位数字，即01；代码有14位数字，由农业生产经营主体自定；数据段名称为GTIN（Global Trade Item Number的简称，即全球贸易项目代码）。EAN·UCC系统应用标识符的含义、格式及数据名称见表2-10。

表 2-10 EAN·UCC 系统应用标识符的含义、格式及数据名称

AI	含义	格式	数据名称
00	系列货运包装箱代码	N2＋N18	SSCC
01	全球贸易项目代码	N2＋N14	GTIN
02	物流单元内贸易项目的 GTIN	N2＋N14	CONTENT
10	批号	N2＋X...20	BATCH/LOT
11	生产日期（YYMMDD）	N2＋N6	PROD DATE
12	付款截止日期（YYMMDD）	N2＋N6	DUE DATE
13	包装日期（YYMMDD）	N2＋N6	PACK DATE
15	保质期（YYMMDD）	N2＋N6	BEST BEFORE 或 BEST BY
17	有效期（YYMMDD）	N2＋N6	USE BY 或 EXPIRY
20	内部产品变体	N2＋N2	VARIANT
21	系列号	N2＋X...20	SERIAL
22	消费品变体	N2＋X...20	CPV
240	附加产品标识	N3＋X...30	ADDITIONAL ID
241	客户方代码	N3＋X...30	CUST. PART NO.
250	二级系列号	N3＋X...30	SECONDARY SERIAL
251	源实体参考代码	N3＋X...30	REF. TO SOURCE
30	变量贸易项目中的项目的数量	N2＋N...8	VAR. COUNT
337n	贸易项目千克每平方米数值（kg/m²）	N4＋N6	KG PER m²
37	物流单元内贸易项目的数量	N2＋N...8	COUNT
390n	应支付金额或优惠券价值	N4＋N...15	AMOUNT
391n	含 ISO 货币代码的应支付金额应用标识符	N4＋N3＋N...15	AMOUNT
392n	单变量贸易项目应支付金额应用标识符	N4＋N...15	PRICE
393n	含 ISO 货币代码的变量贸易项目应支付金额应用标识符	N4＋N3＋N...15	PRICE
400	客户订单代码应用标识符	N3＋X...30	ORDER NUMBER
401	全球货物托运标识代码	N3＋X...30	GINC
402	全球货物装运标识代码	N3＋N17	GSIN
403	路径代码	N3＋X...30	ROUTE
410	交货地全球位置码	N3＋N13	SHIP TO LOC

（续）

AI	含义	格式	数据名称
411	受票方全球位置码	N3＋N13	BILL TO
412	供货方全球位置码	N3＋N13	PURCHASE FROM
413	货物最终目的地全球位置码	N3＋N13	SHIP FOR LOC
414	标识物理位置的全球位置码	N3＋N13	LOC NO.
415	开票方全球位置码	N3＋N13	PAY TO
420	交货地邮政编码	N3＋X...20	SHIP TO POST
421	含 ISO 国家（地区）代码的交货地邮政编码	N3＋N3＋X...12	SHIP TO POST
422	贸易项目的原产国（地区）	N3＋N3	ORIGIN
423	贸易项目初始加工国家（地区）	N3＋N3＋N...12	COUNTRY-INITIAL PROCESS
424	贸易项目加工国家（地区）	N3＋N3	COUNTRY-PROCESS
425	贸易项目拆分国家（地区）	N3＋N3＋N12	COUNTRY-DISASS-EMBLY
426	全程加工贸易项目的国家（地区）	N3＋N3	COUNTRY-FULL PROCESS
7001	北约物资代码	N4＋N13	NSN
7002	胴体肉与分割产品分类	N4＋X...30	MEAT CUT
703n	含 ISO 国家（地区）代码的加工者核准号码	N4＋N3＋X...27	PROCESSOR ＃ S
8001	卷状产品可变属性值	N4＋N14	DIMENSIONS
8002	蜂窝移动电话标识符	N4＋X...20	CMT NO
8003	全球可回收资产	N4＋N14＋X...16	GRAI
8004	全球单个资产应用标识符	N4＋X...30	GIAI
8005	变量项目单价应用标识符	N4＋N6	PRICE PER UNIT
8006	贸易项目组件标识代码应用标识符	N4＋N14＋N2＋N2	ITIP 或 GCTIN
8007	国际银行账号代码	-N4＋X...34	IBAN
8008	产品生产的日期与时间	N4＋N8＋N...4	PROD TIME
8018	全球服务关系接受方代码	N4＋N18	GSRN-RECIPIENT
8020	付款单参考代码	N4＋X...25	REF NO.
90	贸易伙伴之间相互约定的信息	N2＋X...30	INTERNAL
91～99	公司内部信息	N2＋X...90	INTERNAL

注：n、N 为数字字符，X 为字母、数字字符。

②以批次编码作为农产品质量安全追溯信息编码。

③农业生产经营主体自定义的追溯信息编码，如二维码。

2. 校验码的计算方法

校验码位于追溯码的最后一位，它的作用是检验追溯码中各个代码是否准确，即用各个代码的不同权数加和及与 10 的倍数相减，获得一位数字。农业生产经营主体自行完成或请编码公司完成的编码，都应将校验码计算的软件应用到标签打印机中。校验码的计算如下：

（1）确定代码位置序号　代码位置序号是包括校验码在内的，从右向左的顺序号。因此，校验码的序号为 1。

（2）计算校验码　按以下步骤计算校验码：

①从代码位置序号 2 开始，所有偶数位数字代码求和。

②将以上偶数位数字代码的和乘以 3。

③从代码位置序号 3 开始，所有奇数位数字代码求和。

④将偶数位数字代码和乘以 3 的乘积与奇数位数字代码和相加。

⑤用大于或等于④得出的相加数且为 10 最小整数倍的数减去该相加数，即校验码数值。校验码计算示例见表 2-11。

表 2-11　校验码计算示例

计算步骤	举例说明												
从右向左顺序编号	位置序号	13	12	11	10	9	8	7	6	5	4	3	2	1
	代码	6	9	0	1	2	3	4	5	6	7	8	9	X
（a）从位置序号 2 开始，所有偶数位数字代码求和	9＋7＋5＋3＋1＋9＝34												
（b）偶数位数字代码的和乘以 3	34×3＝102												
（c）从序号 3 开始，所有奇数位数字代码求和	8＋6＋4＋2＋0＋6＝26												
（d）将偶数位数字代码和乘以 3 的乘积与奇数位数字代码和相加	102＋26＝128												
（e）用大于或等于（d）得出的相加数，且为 10 最小整数倍的数减去该相加数，即校验码数值	130－128＝2，即 X＝2												

3. 产品代码

产品代码是追溯码中重要组成部分，可采用两位数字码。即使产品品种不满 10 个，为了考虑今后品种的增加，可设立两位数字码，个位数字是现行产品品种代码，十位数字为"0"，作为预留品种代码。

（1）产品代码编制原则

①唯一性原则。对同一商品项目的产品应给予相同的产品标识代码。基本特征（主要包括商品名称、商标、种类、规格、数量、包装类型等）相同的商品视为同一商品项目。对不同商品项目的产品应给予不同的产品标识代码。

②无含义性原则。产品代码中的每一位数字不表示任何与商品有关的特定信息。

③稳定性原则。产品代码一旦被分配，只要产品基本特征没变化，就应保持不变。

（2）谷物代码　依据 GB/T 7635.1—2002《全国主要产品分类与代码　第 1 部分：可运输产品》，谷物、杂粮等及其种子分类代码见表 2-12。

表 2-12　谷物、杂粮等及其种子分类代码

代码	产品名称	说明
01	种植业产品	
011	谷物、杂粮等及其种子	
0111	小麦及混合麦	
01111	小麦	
01111·010	冬小麦	
——·099		
01111·011	白色硬质冬小麦	
01111·012	白色软质冬小麦	
01111·013	红色硬质冬小麦	
01111·014	红色软质冬小麦	
01111·100	春小麦	
——·199		
01111·101	白色硬质春小麦	
01111·102	白色软质春小麦	
01111·103	红色硬质春小麦	
01111·104	红色软质春小麦	

代码	产品名称	说明
01112	混合麦	
0112	玉米（指谷类）	
01121	黄玉米	
01121·011	黄马齿型玉米	
01121·012	黄硬粒型玉米	
01122	白玉米	
01122·011	白马齿型玉米	
01122·012	白硬粒型玉米	
01123	混合玉米	
01124	专用玉米	
-01124·011	爆裂玉米	
01124·012	糯玉米	
01124·013	高油玉米	
01124·014	高淀粉玉米	
01124·015	优质蛋白玉米	
0113	稻谷、谷子和高粱	
01131	稻谷	
01131·011	早籼稻谷	
01131·012	晚籼稻谷	
01131·013	粳稻谷	
01131·014	籼糯稻谷	
01131·015	粳糯稻谷	
01131·016	杂交稻谷	
01132	谷子	
01132·011	白色谷子	
01132·012	黄色谷子	
01132·013	黑色谷子	
01132·014	黄色糯谷子	
01133	高粱	
01133·011	红粒高粱	包括红粒多穗高粱

(续)

代码	产品名称	说明
01133·012	白粒高粱	包括白粒多穗高粱
01133·013	红粒糯型高粱	
01133·014	白粒糯型高粱	
0114	糙米	半碾和全碾大米见表2-13中代码2316
01141	早籼糙米	
01142	晚籼糙米	
01143	粳糙米	
01144	籼糯糙米	
01145	粳糯糙米	
0115	大麦类	
01151	大麦	不包括啤酒大麦
01152	啤酒大麦	
01153	饲料大麦	
01154	裸麦	
01154·011	裸大麦	
01154·012	米大麦	
01154·013	元麦	
01154·014	青稞	
0116	黑麦、燕麦等	
01161	黑麦、燕麦	大麦除外，入代码0115
01161·011	黑麦	
01161·012	燕麦	
01162	小黑麦、荞麦等	
01162·011	小黑麦	
01162·012	荞麦	
01162·013	莜麦	

依据 GB/T 7635.1—2002《全国主要产品分类与代码 第1部分：可运输产品》，谷物研磨加工品、淀粉和淀粉制品分类代码见表2-13。

表 2-13 谷物研磨加工品、淀粉和淀粉制品分类代码

代码	产品名称	备注
23	谷物研磨加工品、淀粉和淀粉制品	
231	谷物碾磨加工品	
23121	大米细粉	
23121·011	籼米粉	
23121·012	粳米粉	
23121·013	糯米粉	
23122	杂粮细粉	
23122·011	玉米细粉	玉米粗粉见 23142·011
23122·012	小米粉	
23122·013	高粱粉	
23129	其他谷物细粉	小麦或混合麦细粉除外
2313	去壳的小麦、小麦的粗粉和粗粒	
23131	去壳的小麦	
23132	小麦的粗粉	
23133	小麦的粗粒	
2314	不另分类的去壳谷物、谷物粗粉和粗粒	去壳的小麦、小麦的粗粉和粗粒除外
23141	不另分类的去壳谷物	
23141·011	小米	
23141·012	高粱米	
23141·013	大麦米	
23141·014	黍米	又称黄米
23142	不另分类的谷物粗粉和粗粒	
23142·011	玉米粗粉	
23142·012	玉米碴	
23142·013	燕麦粗粉和粗粒	
23142·014	大米粗粉和粗粒	
2315	其他谷物类粮食制品	包括玉米片
23151	滚压或制片的谷物	
23151·011	滚压或制片的大麦	
23151·012	滚压或制片的燕麦	
23151·013	滚压或制片的其他谷物	

（续）

代码	产品名称	备注
23153	未烘焙（炒）的谷物片制的食品	
23154	未烘焙（炒）的谷物片与烘焙（炒）的谷物片或膨化的谷物混合制的食品	
23159	预煮或其他方法制的谷物类粮食制品	
2316	半碾和全碾的大米	
23161	籼米	
23161·010 ——·099	早籼米	
23161·011	特等早籼米	
23161·012	标准一等早籼米	
23161·013	标准二等早籼米	
23161·014	标准三等早籼米	
23161·100 ——·199	晚籼米	
23161·101	特等晚籼米	
23161·102	标准一等晚籼米	
23161·103	标准二等晚籼米	
23161·104	标准三等晚籼米	
23162	粳米	按粒质、收获季节和加工精度分的粳米
23162·010 ——·099	早粳米	
23162·011	特等早粳米	
23162·012	标准一等早粳米	
23162·013	标准二等早粳米	
23162·014	标准三等早粳米	
23162·100 ——·199	晚粳米	
23162·101	特等晚粳米	
23162·102	标准一等晚粳米	

(续)

代码	产品名称	备注
23162・103	标准二等晚粳米	
23162・104	标准三等晚粳米	
23163	糯米	按粒形和加工精度分的糯米
23163・010	籼糯米	
——・099		
23163・011	特等籼糯米	
23163・012	标准一等籼糯米	
23163・013	标准二等籼糯米	
23163・014	标准三等籼糯米	
23163・100	粳糯米	
——・199		
23163・101	特等粳糯米	
23163・102	标准一等粳糯米	
23163・103	标准二等粳糯米	
23163・104	标准三等粳糯米	
23164	碎米	
23169	半碾和全碾的其他大米	

三、储运环节

(一) 储藏设施编码

【标准原文】

5.3.1 储藏设施编码

应对储藏设施按照位置编码,至少包括以下信息:位置、通风防潮状况、环境卫生安全。

【内容解读】

加工企业应对不同储藏设施进行编码,储藏设施可采用数字码,储藏设施编码档案可使用汉字,其内容应至少包括以下信息:位置、通风防潮状况、环境卫生安全。例如,成品库设为4个分区,应按照分区位置进行编码。

（二）储藏批次编码

【标准原文】

5.3.2　储藏批次编码

应对储藏批次编码，并记录入库产品来自的运输批次或逐件记录。

【内容解读】

加工企业在储藏产品时应对储藏批次进行编码，并记录相关信息。当每天仅有一个储藏批次时，储藏批次代码可用包装日期代码；当每天有多个储藏批次时，应对不同批次进行编码，储藏批次代码可由储藏日期加批次组成，批次代码为数字。储藏批次编码档案可使用汉字，其内容应至少包括以下信息：入库产品来自的运输批次或逐件记录。

（三）运输设施编码

【标准原文】

5.3.3　运输设施编码

应对运输设施按照位置编码，至少包括以下信息：防潮状况、环境卫生安全。

【内容解读】

加工企业应对不同运输设施进行编码，运输设施可采用数字码，运输设施编码档案可使用汉字，其内容应至少包括以下信息：防潮状况、环境卫生安全。

（四）运输批次编码

【标准原文】

5.3.4　运输批次编码

应对运输批次编码，并记录运输产品来自的存储设施或包装批次或逐件记录。

【内容解读】

加工企业在运输产品时应对运输批次进行编码，并记录相关信息。当每天仅有一个运输批次时，运输批次代码可用运输日期代码；当每天有多个运输批次时，应对不同批次进行编码，运输批次代码可由运输日期加批次组成，批次代码为数字。运输批次编码档案可使用汉字，其内容应至少包括以下信息：运输产品来自的存储设施或包装批次或逐件记录。

四、销售环节

（一）出库批次编码

【标准原文】

5.4.1 出库批次编码

应对出库批次编码，并记录出库产品来自的库存设施或逐件扫描记录。

【内容解读】

加工企业在产品出库时应对出库批次进行编码，并记录相关信息。当每天仅有一个出库批次时，出库批次代码可用出库日期代码；当每天有多个出库批次时，应对不同批次进行编码，出库批次代码可由出库日期加批次组成，批次代码为数字。出库批次编码档案可使用汉字，其内容应至少包括以下信息：出库产品来自的库存设施或逐件扫描记录。

【实际操作】

出库批次编码档案信息记录表示例见表 2-14。

表 2-14 出库批次编码档案信息记录表示例

出库日期	产品名称	生产批号	提货人	负责人

（二）销售编码

【标准原文】

5.4.2 销售编码

销售编码可用以下方式：

——企业编码的预留代码位加入销售代码，成为追溯码。

——在企业编码外标出销售代码。

【内容解读】

销售编码的执行主体是生产者或销售者。编写方式有以下两种：

1. 企业编码的预留代码位加入销售代码

生产者编写销售代码时，可在完成生产后由谷物生产经营主体的销售部门编写。具体实施方案是：可在 NY/T 1761《农产品质量安全追溯操作规程　通则》提到的"国内贸易追溯码"5 个代码段——农业生产经营者主体代码、产品代码、产地代码、批次代码、校验码中，将销售者代码编入"农业生产经营者主体代码"的预留代码位中，位于生产者之后。也就是说，农业生产经营者主体代码是由生产和销售两个主体组成。销售代码采用数字码为宜。预留代码位数由销售者数量决定，预留 1 位可编入 9 个销售者，预留 2 位可编入 99 个销售者。销售代码可表示销售地区或销售者。若销售者为批发商，则销售代码可表示销售者；若销售者为相对固定的批发商或零售商（如生产企业的直销店），则销售代码可表示销售者。若销售者为相对不固定的零售商，则销售代码可表示销售地区。无论表示销售地区或销售者，都应在质量安全追溯工作规范中表明代码的销售地区或销售者具体名称，以规范工作实施可追溯，同时也可防止假冒。当销售代码含义改变，由原来销售地区或销售者改为另一个时，必须修改原质量安全追溯工作规范中的代码含义。修改销售代码含义不会影响可追溯，因有批次代码配合。

销售编码是追溯码中最后需确定的代码，销售编码完成后通过校验码的软件计算确定校验码，整个追溯码即完成。追溯码可委托编码公司或农业生产经营者主体自行完成。

例如，上海市黄浦区某农产品集团公司某加工厂（仅一条生产线，每天生产 5 个批次）于 2018 年 11 月 23 日生产的第三批次大米。追溯码编码如下：

农业生产经营者主体代码段：该集团公司代码为 1，下属加工厂为 01（预留 99 个加工厂），销售代码为 01（预留 99 个销售商）。在农产品生产经营主体的质量安全追溯工作规范中，应写明下属加工厂的代码、销售商的代码。从业者代码为 10101。

产品代码段：大米为 23161（表 2-13）。

产地代码段：上海市黄浦区为 310101（表 2-4）。

批次代码段：由生产日期和批次号组成，生产日期为 6 位数，即年份的后 2 位、月份和日的各 2 位组成。因此，生产日期为 181123。该厂每天生产批次不超过 9 个批次，批次仅用 1 位数字。因此，批次代码段为 1811233。

校验码：以上代码依次为 10101231613101011811233，共 23 位，按表 2-11 校验码的计算方法，计算结果为 5。

因此，该追溯码为 101012316131010118112335，共 24 位。

2. 在企业编码外标出销售代码

生产企业完成追溯码时，产品储存产品库待销。若遇到临时的批发商或零售商提货时，则销售者可在追溯码外标注销售代码，表示销售者，同时保留原追溯码，反映生产者。

同样，生产企业应在销售记录中表明该产品销售的去向信息，以规范工作实施可追溯，同时也可防止假冒。

【实际操作】

服务业代码可依据 GB/T 7635.2—2002《全国主要产品分类与代码 第 2 部分：不可运输产品》，有关谷物类农产品销售的服务业代码见表 2-15。

表 2-15　服务业代码

代码	服务业
61111	谷物、油籽、含油果实、种子和动物饲料的批发业服务
62111	非专卖店零售谷物、油籽、含油果实、种子和动物饲料提供的服务
62229	专卖店零售未另归类的食品提供的服务

以上示例的大米销售给某批发商，可在生产者的追溯码后另行附代码 61111。

第五节　信息采集

追溯信息、信息采集点以及信息采集方式是解读后续内容的基础，因此，在解读信息采集之前，先对其进行释义。信息的规范、完整、真实、准确是保证质量安全追溯顺利进行的基本条件，信息记录以及电子信息录入的要求将在本节逐一展开叙述。

一、追溯信息

每项社会活动所需采集的信息依据于其所要达到的目的，农产品质量安全追溯的目的是产品的可追溯性，以便产品发生质量安全问题时，根据追溯信息确定问题来源、原因及责任主体。因此，它有独特的信息要求，而不同于普通的企业管理。追溯信息主要分为环节信息、责任信息和要素

信息 3 种，生产经营主体在实施质量安全追溯前应先明确其要求。

(一) 环节信息

所谓环节，指在农产品生产加工流通过程中农产品物态场所相对稳定、生产工艺条件相对固定、责任主体相对明确的组织，这是划分环节的原则，每个企业可以有所不同。谷物生产企业的生产环节可以分为种植、加工销售两个相互独立的生产环节。种植生产环节又可包括种子处理、育秧管理、田间管理、收获 4 个单元；加工销售生产环节包括收购、加工、包装、入库、出库销售 5 个单元。

环节信息在纸质记录上应确切写明环节及其上游单位的名称或代码（该代码应在管理文件中注明其含义）。例如，一个大米加工企业与 4 个乡签订水稻收购协议，每个乡有 3 个村，均按要求实施统一的种植模式，则该大米加工企业组成 4×3＝12 个环节。编码某村时，如第三个乡第二个村，电子信息代码可编码为 302。

在电子信息中环节由一个或多个组件构成。以上所述 12 个环节，可组成 12 个组件。

(二) 责任信息

责任信息指能界定质量安全问题发生原因以外的信息，即记录信息的时间、地点和责任人。纸质记录信息的时间应尽量接近于农事活动的时间且准确记录，这就要求农事活动结束后能够及时准确地记录；同时，纸质记录也应及时且准确地录入追溯系统。这样，电子信息反映的就是真实的农事活动。鉴于农事活动的特殊性，纸质记录最迟也应于产品销售前全部录入追溯系统。

地点指记录地点，一般来说，记录地点与环节一致，而在纸质记录上被省略。

责任人指进行纸质信息记录的人员和电子信息的录入人员。在记录外购生产投入品时，应记录供应方的信息，以表示其责任。例如，外购农药应记录供应方的生产许可证号或批准文号（若进口农药，则为进口农药注册证号）、登记证号、产品批次号或生产日期。若生产经营主体购买没有生产许可证号的非法厂商农药且造成质量安全事故，则该厂商承担非法生产责任，生产经营主体承担购买非法产品的责任。登记证号是指该农药适用于何种植物，若登记作物为蔬菜，误用于谷物且造成质量安全事故，则生产经营主体承担责任。产品批次号或生产日期是界定该农药是农药生产厂商生产的哪一批次或哪一天生产的。以便由有资质的检验机构确定该批次或该天生产的农药有无质量问题，而不是让检验机构检验生产的全部农药产品。因此，生产许可证号或批准文号（若进口农药，则为进口农药注册证号）、登记证号、产品批次号或生产日期是外购农药的不可或缺的责任信息。

（三）要素信息

要素信息指国家法律法规要求强制记录的信息以及影响追溯产品质量安全的信息。现分述如下：

1. 国家法律法规要求强制记录的信息

依据国家有关规定确定要素信息。以农药为例，中华人民共和国国务院令第 677 号《农药管理条例》中规定，农产品生产企业、食品和食用农产品仓储企业、专业化病虫害防治服务组织和从事农产品生产的农民专业合作社等应当建立农药使用记录，如实记录使用农药的时间、地点、对象以及农药名称、用量、生产企业等。这些内容都影响到谷物的农药残留问题。

2. 影响追溯产品质量安全的信息

依据国家有关规定确定要素信息。例如，施用农药，中华人民共和国国务院令第 677 号《农药管理条例》中规定，对于农药生产者，用于食用农产品的农药的标签还应当标注安全间隔期。农药使用者应当遵从安全间隔期收获谷物，以免造成质量安全事故。

二、信息采集点

（一）合理设置信息采集点的方法

1. 在质量安全追溯的各个环节上设置信息采集点

例如，种植环节的信息采集点包括种植管理（种子处理、育秧管理、田间管理）；稻谷收获；谷物仓储。大米加工厂的信息采集点包括原粮收购；原粮加工（筛选、去石、抛光）；检验；包装；储运销售 8 个信息采集点（图 2-3）。

2. 依据追溯精度保留或合并多个信息采集点

例如，农民专业合作社有 3 个水稻种植基地，每个种植基地有 6 个种植户。当追溯精度为种植基地时，且各种植基地均按要求实施统一的种植模式，则设置 3 个信息采集点，再加上农业资料购买部、收获稻谷、谷物仓储，共 6 个信息采集点。若追溯精度为种植户组，且按 3 个种植户编组较易于生产管理，则这个种植基地内每 3 个种植户合并为一个信息采集点，生产部门共有 6 个信息采集点，再加上农业资料购买部、收获稻谷、谷物仓储,共 9 个信息采集点。

3. 若同一环节内的要素信息有不同责任主体,则除了以上环节信息采集点外,还应在环节中设置要素信息采集点

例如,在农民专业合作社的种植环节中农药采购不是由种植户负责,由专门的农药采购部门负责,则应增加农药采购信息采集点。

4. 若某工艺段同时可设为环节信息采集点和要素信息采集点,则仅设一个信息采集点

例如,农民专业合作社有 2 个智能催芽大棚、10 个育秧大棚。催芽后芽种由统一部门收集,再分配给 10 个育秧大棚,则收集部门这个环节,不必设立信息采集点,直接与育秧大棚合并。

(二)设置信息采集点时需注意点

1. 与质量安全无关的工艺段,不设信息采集点

例如,稻谷种植过程中的插秧环节,插秧的方式有人工插秧和机器插秧,只影响栽插质量和成活率,而栽插质量和成活率并不影响产品标准规定的质量。由此可见,质量安全追溯不同于"全面质量管理"(TQC)。

2. 一台计算机可用于若干信息采集点

多个信息采集点的纸质记录,利用一台计算机进行录入,则计算机数量可以少于信息采集点数量。

3. 信息采集点不应多设,也不应漏设

多设会使信息采集烦琐,漏设会使信息缺失、断链乃至质量追溯无法进行。

4. 同一质量安全项可发生在数个工艺段上,应设数个信息采集点

例如,大米中黄曲霉毒素 B_1 可发生在稻谷收购、原粮库、化验室 3 个工艺段,这 3 个工艺段都应设置信息采集点,以便追溯责任主体。

三、信息采集方式

(一)纸质记录

企业设计的纸质记录应为表格形式,便于内容规范,易于录入计算机等电子信息采集设备。该表格的形式应符合 GB/T 1.1—2009《标准化工作导则 第 1 部分:标准的结构和编写》的规定,应具有表题、表头,所列内容齐全。

(二)电子记录

采用计算机或移动数据终端等采集信息,该信息通过局域网或移动数据终端传输。但应设备份，以免信息丢失或篡改；还应打印成纸质，由责任人签字后备案。

四、信息记录

（一）纸质记录要求

1. 真实、全面

（1）记录内容与生产活动一致 不应不记、少记、乱记农事活动及投入品使用情况。

（2）记录人真实 由实际当事人记录并签名，不同部门的记录人不可代签名。

（3）记录时间真实 形成内容时及时记录，不应事后追记。

（4）记录所有应该记录的信息 包括上述的环节信息、责任信息和要素信息。

（5）记录能与上一环节唯一性对接的信息，以实施可追溯 例如，农药使用记录表应有农药通用名、生产厂商、批次号（或生产日期）。这3项内容可与农药购买记录表上的农药通用名、生产厂商、批次号（或生产日期）唯一性对接，追溯时不至于追溯到其他农药、其他生产厂商生产的同名农药、同一生产厂商生产同名但不同批次的农药，保证质量安全追溯的顺利进行。否则，会造成质量安全追溯的中断或不能达到预想的效果。

2. 规范、及时

（1）格式化 首先，表题确切：每个表都应有一个表题，标明表的主题，如"农药施用信息表"。加入时间和环节信息则更好，如"2012年第一生产队农药施用信息表"，便于归档（以免烦琐地在表内或表下重复写入时间和环节信息）。

其次，表头包含全部信息项目：各项内容不重复、不遗漏；信息项目包括环节信息，生产链始端的环节（如农药施用记录）应符合追溯精度（如生产队或种植户），生产链终端的环节（如销售记录）应符合追溯深度（如销售商或批发商）；每个环节信息应包含上游环节（可用名称或代码）的部分信息（通用名、生产商名称、产品批次号），可唯一性地追溯到上游（农药库或供应商），否则无法实施可追溯。要素信息，如工艺条件、投入品、检验结果等。责任信息，如时间、地点、责任人。

环节信息和时间信息的年份可列于表题，表头仅涉及日期，对于数天才完成的农事，应列出时间的起始。责任人可列于表头或表下。

最后，表头项目所有量值单位应是法定计量单位：单位应具体，同一项目的单位应一致，如亩、千克（或公斤）。

（2）记录清晰、持久　用不褪色笔，字迹清晰，每栏均需记（若无内容，记"无"），用杠改法修改（用单线或双线划在原记内容上，且能显示原内容，修改人盖章以示负责）。这样的记录使任何人无法篡改，只有记录人负责。

（3）上传追溯码前应具备所有纸质和电子记录。

（4）追溯产品投放市场前应具备所有纸质和电子记录。

（二）电子记录录入

1. 录入及时性

信息录入人员收到纸质记录后，应及时录入计算机，确保产品上市前信息录入完毕。

2. 录入准确性

（1）准确地将纸质记录录入计算机等电子信息录入设备，因此电子信息应与纸质信息一致。

（2）若录入人员发现纸质信息有误，应通知纸质记录人员按杠改法修改，计算机操作人员无权修改纸质记录。

若农药采购和使用由一个单元（如种植户组）承担，则农药采购和使用可合并为一个表格，种植户组农药采购和使用信息表示例见表2-16。

表2-16　种植户组农药采购和使用信息表示例

序号	环节	采集点	通用名	生产商名称	生产许可证号	登记证号	产品批次号（或生产日期）	购买数量（瓶）	有效期	施用作物及防治对象	剂型及含量	稀释倍数	施用量（g或mL/667m²）	施用方式	安全间隔期	施用时间	施用地块	施用人	收获时间	备注

表2-16中"施用作物及防治对象"适用于多品种追溯产品。

若农药采购和使用由不同单元承担，前者由采购部承担，后者由种植户组承担，则设计成两张表。农药采购信息表示例见表2-17，种植户组农药使用信息表示例见表2-18。

表 2-17 农药采购信息表示例

序号	环节	采集点	通用名	生产商名称	生产许可证号	登记证号	产品批次号（或生产日期）	购买数量（瓶）	有效期	安全间隔期	购买时间	购买人	备注

表 2-18 种植户组农药使用信息表示例

序号	环节	采集点	通用名	生产商名称	产品批次号（或生产日期）	施用作物及防治对象	剂型及含量	稀释倍数	施用量（g或mL/667m2）	施用方式	安全间隔期	施用时间	施用地块	施用人	收获时间	备注

表 2-17 及表 2-18 依据通用名、生产商名称、产品批次号（或生产日期）可以作唯一性对接，实施追溯；或者在使用信息表上用农药采购序号代替生产商名称、产品批次号（或生产日期），也可作唯一性对接，实施追溯。

所有信息的记录内容要真实、全面、规范、及时。记录内容与生产活动一致，具体结合相关的生产活动流程科学设计。种植管理记录表示例见表 2-19。

表 2-19 种植管理记录表示例

基本情况	编号	种植者	地号	面积（亩）	种植品种	种子来源		水源	
						□统购 □自购		□地上 □地下	
						□统购 □自购		□地上 □地下	
种子处理	日期	药剂名称	药品生产批次	播种时间	处理方法		药剂用量（mL/100kg 种子）		
					□浸种 □包衣 □拌种				

(续)

作业项目		日期	投入品名称	投入品批次号	施用方法	施用量
育秧管理（直播不填此项）	育秧施肥				□拌土□撒施□喷雾	□g/100m²□g/m²
					□拌土□撒施□喷雾	□g/100m²□g/m²
					□拌土□撒施□喷雾	□g/100m²□g/m²
	除草				□喷雾□拌土	□mL/m²□g/m²
					□喷雾□拌土	□mL/m²□g/m²
	防病				□喷雾□拌土	□mL/m²□g/m²
					□喷雾□拌土	□mL/m²□g/m²
	防虫				□喷雾□拌土	□mL/m²□g/m²
大田管理	基肥				□撒施□侧深施	□kg/667m²
					□撒施□侧深施	□kg/667m²
					□撒施□侧深施	□kg/667m²
					□撒施□侧深施	□kg/667m²
	追肥				□撒施	□kg/667m²
					□撒施	□kg/667m²
					□撒施□航化	□kg/667m²
					□撒施□航化	□kg/667m²
	除草				□甩喷□喷雾	□mL/667m²□g/667m²
					□甩喷□喷雾	□mL/667m²□g/667m²
					□甩喷□喷雾	□mL/667m²□g/667m²
					□甩喷□喷雾	□mL/667m²□g/667m²
					□甩喷□喷雾	□mL/667m²□g/667m²
					□甩喷□喷雾	□mL/667m²□g/667m²
	防虫				□甩喷□喷雾□航化	□mL/667m²□g/667m²
					□甩喷□喷雾□航化	□mL/667m²□g/667m²
					□甩喷□喷雾□航化	□mL/667m²□g/667m²
	防病				□甩喷□喷雾□航化	□mL/667m²□g/667m²
					□甩喷□喷雾□航化	□mL/667m²□g/667m²
					□甩喷□喷雾□航化	□mL/667m²□g/667m²

（续）

	方式	收获日期	面积（m²）	亩产量（kg/667m²）	销售去向及销售量（t），销售日期（月、日）
收售	□直收 □割晒				
	□直收 □割晒				

种植者签字：

（三）原始记录档案保存

1. 原始记录应及时归档，装订成册，每册有目录，查找方便。

2. 原始档案应有固定场所保存，有防止档案损坏、遗失的措施。

五、农业投入品信息采集

（一）肥料施用及其信息记录内容

1. 肥料种类

肥料分类方法有很多，按成分化学性质分为有机、无机和有机无机肥料；按养分数量分为单一、配方肥料；按肥效分为速效、缓效（缓释）肥料；按物理状态分为固体、液体肥料等，这就造成了市场上出现各种各样的肥料名称。因此，应从农业生产角度分类，便于实践施用。

（1）从施用方式及目的进行分类

①基肥（底肥）。作物播种或移栽前结合土壤耕作施用的肥料。其特点是施用量大，以有机肥和氮、磷、钾肥为主。除以上种类外，可适量施用微量元素肥。

②种肥。拌种或定植时施于幼苗附近的肥料。多用有机肥、速效化肥或菌肥。

③追肥。植物生长发育期间追施的肥料。多用速效肥料，施于土壤的称为土壤追肥，施于叶面的称为叶面追肥。

（2）从肥料来源进行分类

①有机肥（农家肥）。营养成分多样，且可改良土壤，常用作基肥。分为以下几种：

（a）粪尿肥。包括人及畜禽粪尿。这种肥料施用前必须充分腐熟，以杀死其中的细菌和寄生虫。腐熟方法应因地制宜，如北方多次拌土日晒，直至基本无臭味、无黏稠粪粒，也可适量拌用杀菌液制成土肥，但不可不拌土晒成干粪；南方高温多雨，可粪尿长期混存，也可适量拌用杀菌液制成水肥；工业生产时可拌黏土（红土或黑土），通过好氧发酵或厌氧发酵制成粒肥。

(b) 堆沤肥。包括畜禽圈舍粪尿拌以土、草、秸秆形成的厩肥，采用圈内堆沤腐熟方法或圈舍外堆沤腐熟方法；人及畜禽粪尿拌以生活污水、土、草、秸秆、适量石灰形成的堆肥，可采取日晒发酵；人粪尿拌以泥土和草、秸秆、绿肥等植物，在淹水状态下形成的沤肥，可采取长期存放发酵。

(c) 绿肥。作物绿色叶、茎翻入土壤的肥料，包括部分大田作物和蔬菜收获后翻入土壤的绿肥；苜蓿等多年生绿肥；水萝卜和水葫芦等水生绿肥。

以下信息记录的内容不再叙述环节信息和责任信息，仅叙述要素信息。

(d) 秸秆肥。大田作物秸秆破碎后翻入土壤后形成的肥料。

(e) 饼肥。油料作物籽实榨油后剩下的残渣做成的肥料。

②化肥。营养成分含量高，肥效快，常用作追肥。分为以下几种：

(a) 大量元素肥料。主要包括氮肥（常用的尿素、一胺、二胺）、磷肥（常用的一胺、二胺以及肥效缓慢的过磷酸钙）、钾肥（常用的硫酸钾以及个别作物用的氯化钾）。除此以外，还有酸性土壤和缺钙土壤用的钙肥（常用生石灰、熟石灰和碳酸钙）、酸性土壤和缺镁土壤用的镁肥（常用硫酸镁、硝酸镁、碳酸镁和菱镁矿）、碱性土壤和缺硫土壤用的硫肥（常用与其他元素结合的硫酸盐）。

(b) 微量元素肥料。主要呈复混肥（复合肥和混合肥总称）形式，可呈氮、磷、钾肥，也可混入多种微量元素呈复混肥。金属元素主要呈硫酸盐、氯化物形式，如铁、锰、铜、锌；非金属元素主要呈酸性氧化物、含氧酸形式，如硼、钼；而氯则结合其他元素，呈氯化物，并无单独的氯肥。

③微生物肥料（菌肥）。含有活性微生物的肥料起到特定的肥效，如根瘤菌肥料、固氮菌肥料以及复合微生物肥料。

2. 肥料施用原则

肥料的作用是供给植物养分，提高农产品产量；培肥地力，使土壤保持可持续的肥力；改良土壤，维护团粒结构，保持良好的通气性和养分输送能力。

为此，可根据作物特性，因地制宜地采取配方施肥、测土施肥、深施、混施，使用缓释肥料，并对有机肥进行无害化处理。

禁止施用的肥料应该参照以下原则：

（1）NY/T 394—2013《绿色食品 肥料使用准则》中规定的不应使用的肥料种类

①添加稀土元素的肥料。

②未经发酵腐熟的人畜粪尿。

③生活垃圾、污泥和含有害物质（如毒气、病原微生物、重金属等）的工业垃圾。

④转基因品种（产品）及其副产品为原料生产的肥料。

⑤国家法律法规规定不得使用的肥料。

（2）GB/T 19630.1—2011《有机产品 第1部分：生产》中关于肥料使用的规定

①不应在叶菜类、块茎类和块根类植物上施用人粪尿；在其他植物上需要使用时，应进行充分腐熟和无害化处理，并不得与植物食用部分接触。

②可使用溶解性小的天然矿物肥料，但不得将此类肥料作为系统中营养循环的替代物。矿物肥料只能作为长效肥料并保持其天然组分，不应采用化学处理提高其溶解性。不应使用矿物氮肥。

③可使用生物肥料；为使堆肥充分腐熟，可在堆制过程中添加来自自然界的微生物，但不应使用转基因生物及其产品。

④不应使用化学合成的肥料和城市污水、污泥。

3. 肥料施用的信息记录内容

肥料施用信息中的要素信息具体内容如下：

（1）肥料名称 应记录通用名称。若有可能，应记录有效成分及其含量。

（2）肥料来源 当地自产，如腐熟农家肥（堆沤肥：包括畜禽圈舍粪尿拌以土、草、秸秆形成的厩肥），应注明腐熟方法（日晒发酵；人粪尿拌以泥土和草、秸秆、绿肥等植物，在淹水状态下形成的沤肥，可采取长期存放发酵）；外地出产的腐熟农家肥应注明生产地点（或单位）。

（3）商品肥应注明产品标准。

（4）施用作物。

（5）施用环节 包括拌种施肥、定植施肥、基肥、生长时期土壤追肥、生长时期或开花结果时期的叶面追肥。

（6）施用量。

（7）施肥地块。

（8）施肥时间。

（9）施肥责任人。

（10）需记录的其他信息　如农家肥腐熟方式等。

肥料施用信息表示例见表 2-20。

表 2-20　肥料施用信息表示例

名称	来源	产品标准	施用作物	施用环节	施用量（kg）	地块	时间	责任人	备注

（二）农药使用及其信息记录

农药在种植环节施用，农药的作用是防治虫、菌、草、鼠害，分别有杀虫剂、杀菌剂、除草剂、杀鼠剂；调节植物生长发育，即植物生长调节剂。

1. 农药使用原则

农药使用应合理安全，遵循以下原则：

（1）不施用禁用农药。

（2）用药少、效果好　避免盲目施用、超范围施用、超剂量施用。应预防为主、治理为辅、科学用药

（3）避免和延缓虫菌产生抗药性，可多种农药混合施用，以避免单一农药的多次重复施用。

（4）施用时间应不少于安全间隔期（最后一次施药距收获的天数）安全间隔期取决于农药品种、有效成分含量、剂型、稀释倍数、用药量、施药方法等，少则 1d，多则 45d。应参照 GB/T 8321《农药合理使用准则》系列标准及其他有关规定。

（5）对植物无药害，对人、畜禽和有益生物安全，减少环境污染　应注重科学施用方式和对人及畜禽的防护。

2. 禁止购买证件不全的农药

根据中华人民共和国国务院令第 677 号公布的《农药管理条例》，其规定：农药经营者采购农药应当查验产品包装、标签、产品质量检验合格证以及有关许可证明文件，不得向未取得农药生产许可证的农药生产企业或者未取得农药经营许可证的其他农药经营者采购农药。

3. 禁止不按国家标准使用农药

根据 GB/T 8321《农药合理使用准则》系列标准，确定使用的剂型、含量、适用作物、防治对象、施用量或稀释倍数、施药方法、使用次数、安全间隔期。不按此使用，由使用者承担责任。

4. 农药购买、使用信息记录内容

信息记录表的形式如同表 2-16~表 2-18。所列信息解释如下：

（1）农药名称 应记录通用名称，不应记录商品名称（由于商品名称多样、不规范，不利于质量安全追溯，应使用通用名称，即农药登记时的名称）。

（2）农药来源 应注明供应商名称，同时应注明"三证号"，即生产许可证号或批准文件号（表明我国法律和行政管理部门允许生产）、登记证号（表明法律和行政管理部门允许用于的作物）、产品批号或生产日期（标明批次，便于追溯）。

（3）施用作物及防治对象。

（4）有效成分含量和剂型 商品复配农药应注明每种农药的含量。

（5）稀释倍数。

（6）施用量。

（7）施用方式。

（8）施药地块。

（9）施药环节、次数和时间。

（10）收获日期及安全间隔期。

（11）施药责任人。

（12）需记录的其他信息（备注） 如自行复配农药的复配方式等。

（三）农药使用的相关规定

中华人民共和国农业部公告第 199 号、第 671 号和农农发〔2010〕2号《关于打击违法制售禁限用高毒农药规范农药使用行为的通知》文件等规定了限制和禁止使用的农药名单。

中华人民共和国农业部公告第 199 号中明令禁止使用的农药：六六六（HCH），滴滴涕（DDT），毒杀芬（camphechlor），二溴氯丙烷（dibromochloropane），杀虫脒（chlordimeform），二溴乙烷（EDB），除草醚（nitrofen），艾氏剂（aldrin），狄氏剂（dieldrin），汞制剂（Mercurycompounds），砷（arsena）、铅（acetate）类，敌枯双，氟乙酰胺（fluoroacetamide），甘氟（gliftor），毒鼠强（tetramine），氟乙酸钠（sodiumfluoroacetate），毒鼠硅（silatrane）。

中华人民共和国农业部公告第 671 号中对含甲磺隆、氯磺隆和胺苯磺隆等除草剂产品实行了相关管理措施。甲磺隆等除草剂产品标签上应注明的注意事项见表 2-21。

表 2-21　甲磺隆等除草剂产品标签上应注明的注意事项

有效成分名称	登记作物	标签上应注明的注意事项
甲磺隆	冬小麦	1. 仅限于长江流域及其以南、酸性土壤（pH<7）、稻麦轮作区的小麦田使用，严格掌握使用剂量 2. 仅限于小麦冬前使用，低温寒流前夕或麦苗冻害后勿用 3. 后茬不宜作为水稻秧田与直播田，不能种植其他作物；只能种植移栽水稻或抛秧水稻
	移栽水稻、抛秧水稻	1. 限于在酸性土壤（pH<7）及高温高湿的南方稻区使用，严格掌握使用剂量 2. 当茬水稻 4 叶期前禁止用药，不能用于水稻秧田与直播田 3. 后茬只能种植冬小麦、移栽水稻或抛秧水稻，不能种植其他作物
氯磺隆	冬小麦	1. 仅限于长江流域及其以南、酸性土壤（pH<7）、稻麦轮作区的小麦田使用。禁止在低温、少雨、碱性土壤（pH>7）的麦田使用 2. 严格按照批准的剂量使用 3. 仅限于小麦田冬前使用 4. 后茬只能种植移栽水稻，不能种植其他作物

农农发〔2010〕2 号《关于打击违法制售禁限用高毒农药规范农药使用行为的通知》中禁止生产、销售和使用的农药名单（23 种）：六六六、滴滴涕、毒杀芬、二溴氯丙烷、杀虫脒、二溴乙烷、除草醚、艾氏剂、狄氏剂、汞制剂、砷类、铅类、敌枯双、氟乙酰胺、甘氟、毒鼠强、氟乙酸钠、毒鼠硅、甲胺磷、甲基对硫磷、对硫磷、久效磷、磷胺。

六、产地信息

【标准原文】

6.1　产地信息

产地编码、种植者档案、产地环境监测，包括取样地点、时间、监测机构、监测结果等信息。

【内容解读】

农产品产地指具有一定面积和生产能力的栽培农产品的土地。中华人民共和国主席令第四十九号《农产品质量安全法》对产地环境、投入品使用、生产记录等方面作了明确规定。

第十七条　禁止在有毒有害物质超过规定标准的区域生产、捕捞、采集食用农产品和建立农产品生产基地。

第二十四条 农产品生产企业和农民专业合作经济组织应当建立农产品生产记录，如实记载下列事项：

（一）使用农业投入品的名称、来源、用法、用量和使用、停用的日期；

（二）动物疫病、植物病虫草害的发生和防治情况；

（三）收获、屠宰或者捕捞的日期。

农产品生产记录应当保存二年。禁止伪造农产品生产记录。

国家鼓励其他农产品生产者建立农产品生产记录。

第二十五条 农产品生产者应当按照法律、行政法规和国务院农业行政主管部门的规定，合理使用农业投入品，严格执行农业投入品使用安全间隔期或者休药期的规定，防止危及农产品质量安全。

禁止在农产品生产过程中使用国家明令禁止使用的农业投入品。

1. 产地编码

产地编码内容解读见第二章第四节"一、种植环节"中"（一）产地编码"的"内容解读"部分。

2. 种植者档案

种植者档案内容解读见第二章第四节"一、种植环节"中"（二）种植者编码"的"内容解读"部分。

3. 产地环境监测

产地环境监测信息包括以下影响谷物质量安全的水、土、大气的现状环境质量。

（1）灌溉水 灌溉水主要来源于地表水、地下水等。灌溉水对谷物质量安全影响的因素是重金属，重金属被作物富集后，将对人类健康产生严重危害。

（2）土壤 对于农作物而言，土壤中重金属污染主要分为两类：一类是植物生长发育不需要的元素，而作物富集后对人类健康有严重危害，如铅、汞、镉等；另一类是对人体没有严重危害反而有一定的生理功能，而且又是在一定含量内影响作物生长发育的重金属，如铜、锌等。

（3）空气 空气中的污染物主要来自于公路的汽车尾气和工矿企业的废气。空气中的铅和氟化物等污染物可以被农作物吸收富集进而形成污染。

【实际操作】

1. 产地编码

产地编码实际操作部分可见第二章第四节"一、种植环节"中"（一）产地编码"的"实际操作"部分。

2. 种植者档案

种植者档案实际操作部分可见第二章第四节"一、种植环节"中"（二）种植者编码"的"实际操作"部分。

3. 产地环境监测

所有农产品生产基地的环境都应该满足国家相关规定。

（1）灌溉水环境监测及其信息记录

①灌溉水质标准。

（a）普通食品和有机产品。应执行 GB 5084—2005《农田灌溉水质标准》。不应执行 GB 3838—2002《地面水环境质量标准》和 GB/T 14848—2017《地下水质量标准》，因为这 3 个标准规定的项目和指标值不完全等同。只要达到 GB 5084—2005《农田灌溉水质标准》要求的，不管应用地面水或地下水均可以。农田灌溉用水水质基本控制项目标准值见表 2-22、农田灌溉用水水质选择性控制项目标准值见表 2-23。

表 2-22　农田灌溉用水水质基本控制项目标准值

序号	项目类别	作物种类		
		水作	旱作	蔬菜
1	五日生化需氧量（mg/L）	≤60	≤100	≤40[a]，≤15[b]
2	化学需氧量（mg/L）	≤150	≤200	≤100[a]，≤60[b]
3	悬浮物（mg/L）	≤80	≤100	≤60[a]，≤15[b]
4	阴离子表面活性剂（mg/L）	≤50	≤8	≤5
5	水温（℃）	≤35		
6	pH	5.5～8.5		
7	全盐量（mg/L）	≤1 000[c]（非盐碱土地区），≤2 000[c]（盐碱土地区）		
8	氯化物（mg/L）	≤350		
9	硫化物（mg/L）	≤1		
10	总汞（mg/L）	≤0.001		
11	镉（mg/L）	≤0.01		
12	总砷（mg/L）	≤0.05	≤0.1	≤0.05
13	铬（六价）（mg/L）	≤0.1		
14	铅（mg/L）	≤0.2		
15	粪大肠菌群数（个/100mL）	≤4 000	≤4 000	≤2 000[a]，≤1 000[b]
16	蛔虫卵（个/L）	≤2		≤2[a]，≤1[b]

　a　加工、烹调及去皮蔬菜。

　b　生食类蔬菜、瓜类和草本水果。

　c　具有一定的水利灌排设施，能保证一定的排水和地下水径流条件的地区，或有一定淡水资源能满足冲洗土体中盐分的地区，农田灌溉水质全盐量指标可适当放宽。

表 2-23 农田灌溉用水水质选择性控制项目标准值

序号	项目类别	作物种类		
		水作	旱作	蔬菜
1	铜（mg/L）	≤0.5	≤1	
2	锌（mg/L）	≤2		
3	硒（mg/L）	≤0.02		
4	氟化物（mg/L）	≤2（一般地区），≤3（高氟区）		
5	氰化物（mg/L）	≤0.5		
6	石油类（mg/L）	≤5	≤10	≤1
7	挥发酚（mg/L）	≤1		
8	苯（mg/L）	≤2.5		
9	三氯乙醛（mg/L）	≤1	≤0.5	≤0.5
10	丙烯醛（mg/L）	≤0.5		
11	硼（mg/L）	≤1[a]（对硼敏感作物），≤2[b]（对硼耐受性较强的作物），≤3[c]（对硼耐受性强的作物）		

[a] 对硼敏感作物，如黄瓜、豆类、马铃薯、笋瓜、韭菜、洋葱、柑橘等。

[b] 对硼耐受性较强的作物，如小麦、玉米、青椒、小白菜、葱等。

[c] 对硼耐受性强的作物，如水稻、萝卜、油菜、甘蓝等。

（b）绿色食品。应执行 NY/T 391—2013《绿色食品 产地环境质量》，该标准中规定了农田灌溉水质要求，农田灌溉水质要求见表 2-24。

表 2-24 农田灌溉水质要求

项目	指标
pH	5.5～8.5
总汞（mg/L）	≤0.001
总镉（mg/L）	≤0.005
总砷（mg/L）	≤0.05
总铅（mg/L）	≤0.1
六价铬（mg/L）	≤0.1
氟化物（mg/L）	≤2.0
化学需氧量（CODcr）（mg/L）	≤60

（续）

项目	指标
石油类（mg/L）	≤1.0
粪大肠菌群ª（个/L）	≤10 000

ª 灌溉蔬菜、瓜类和草本水果的地表水需测粪大肠菌群，其他情况不测粪大肠菌群。

②灌溉用水水质监测信息记录。包括水源类型、取样的地点、时间、监测机构、监测结果等信息灌溉用水水质监测信息表示例见表2-25。

表2-25　灌溉用水水质监测信息表示例

序号	水源类型	监测机构	监测时间	监测地点	监测结果（mg/L）				记录日期	记录人
					项目1	项目2	项目3	…		

（2）土壤环境监测及其信息记录

①土壤标准。

（a）普通农产品和有机农产品应该执行 GB 15618—2018《土壤环境质量　农用地土壤污染风险管控标准（试行）》。其中，规定农用地土壤污染风险筛选值的基本项目为必测项目，包括镉、汞、砷、铅、铬、铜、镍、锌，农用地土壤污染风险筛选值（基本项目）见表2-26。农用地土壤污染风险筛选值（其他项目）见表2-27。农用地土壤污染风险管制值见表2-28。

表2-26　农用地土壤污染风险筛选值（基本项目）

单位：mg/kg

序号	污染物项目ᵃᵇ		风险筛选值			
			pH≤5.5	5.5＜pH≤6.5	6.5＜pH≤7.5	pH＞7.5
1	镉	水田	0.3	0.4	0.6	0.8
		其他	0.3	0.3	0.3	0.6
2	汞	水田	0.5	0.5	0.6	1.0
		其他	1.3	1.8	2.4	3.4
3	砷	水田	30	30	25	20
		其他	40	40	30	25
4	铅	水田	80	100	140	240
		其他	70	90	120	170
5	铬	水田	250	250	300	350

（续）

序号	污染物项目[ab]		风险筛选值			
			pH≤5.5	5.5<pH≤6.5	6.5<pH≤7.5	pH>7.5
5	铬	其他	150	150	200	250
6	铜	果园	150	150	200	200
		其他	50	50	100	100
7	镍		60	70	100	190
8	锌		200	200	250	300

[a] 重金属和类金属砷均按元素总量计。

[b] 对于水旱轮作地，采用其中较严格的风险筛选值。

表 2-27 农用地土壤污染风险筛选值（其他项目）

单位：mg/kg

序号	污染物项目	风险筛选值
1	六六六总量[a]	0.10
2	滴滴涕总量[b]	0.10
3	苯并［a］芘	0.55

[a] 六六六总量为 α-六六六、β-六六六、γ-六六六、δ-六六六 4 种异构体的含量总和。

[b] 滴滴涕总量为 p，p′-滴滴伊、p，p′-滴滴滴、o，p′-滴滴涕、p，p′-滴滴涕 4 种衍生物的含量总和。

表 2-28 农用地土壤污染风险管制值

单位：mg/kg

序号	污染物项目	风险筛选值			
		pH≤5.5	5.5<pH≤6.5	6.5<pH≤7.5	pH>7.5
1	镉	1.5	2.0	3.0	4.0
2	汞	2.0	2.5	4.0	6.0
3	砷	200	150	120	100
4	铅	400	500	700	1 000
5	铬	800	850	1 000	1 300

农用地土壤污染风险筛选值和管制值的使用：

——当土壤中污染物含量等于或者低于表 2-26 和表 2-27 规定的风险筛选值时，农用地土壤污染风险低，一般情况下可以忽略；高于表 2-26 和表 2-27 规定的风险筛选值时，可能存在农用地土壤污染风险，应加强土壤环境监测和农产品协同监测。

——当土壤中镉、汞、砷、铅、铬的含量高于表 2-26 规定的风险筛

选值、等于或者低于表 2-28 规定的风险管制值时，可能存在食用农产品不符合质量安全标准等土壤污染风险，原则上应当采取农艺调控、替代种植等安全利用措施。

——当土壤中镉、汞、砷、铅、铬的含量高于表 2-28 规定的风险管制值时，食用农产品不符合质量安全标准等农用地土壤污染风险高，且难以通过安全利用措施降低食用农产品不符合质量安全标准等农用地土壤污染风险，原则上应当采取禁止种植食用农产品、退耕还林等严格管控措施。

（b）绿色食品应执行 NY/T 391—2013《绿色食品 产地环境质量》，该标准中规定了土壤质量要求，土壤质量要求见表 2-29。

表 2-29 土壤质量要求

项目	旱田			水田			检测方法
	pH<6.5	6.5≤pH≤7.5	pH>7.5	pH<6.5	6.5≤pH≤7.5	pH>7.5	NY/T 1377
总镉(mg/kg)	≤0.30	≤0.30	≤0.40	≤0.30	≤0.30	≤0.40	GB/T 17141
总汞(mg/kg)	≤0.25	≤0.30	≤0.35	≤0.30	≤0.40	≤0.40	GB/T 22105.1
总砷(mg/kg)	≤25	≤20	≤20	≤20	≤20	≤15	GB/T 22105.2
总铅(mg/kg)	≤50	≤50	≤50	≤50	≤50	≤50	GB/T 17141
总铬(mg/kg)	≤120	≤120	≤120	≤120	≤120	≤120	HJ 491
总铜(mg/kg)	≤50	≤60	≤60	≤50	≤60	≤60	GB/T 17138

注：1. 果园土壤中铜限量值为旱田中铜限量值的 2 倍。
　　2. 水旱轮作的标准值取严不取宽。
　　3. 底泥按照水田标准值执行。

②土壤环境监测信息。包括取样的地点、时间、监测机构、监测结果等信息。土壤监测信息表示例见表 2-30。

表 2-30 土壤监测信息表示例

序号	监测机构	监测时间	监测地点	监测结果（mg/kg）				记录日期	记录人
				项目 1	项目 2	项目 3	…		

（3）空气环境监测及其信息记录

①绿色食品。应执行 NY/T 391—2013《绿色食品 产地环境质量》，该标准中规定了空气质量要求，空气质量要求（标准状态）见表 2-31。

表2-31 空气质量要求（标准状态）

项目	指标		检测方法
	日平均[a]	1h[b]	
总悬浮颗粒物（mg/m³）	≤0.30	—	GB/T 15432
二氧化硫（mg/m³）	≤0.15	≤0.50	HJ 482
二氧化氮（mg/m³）	≤0.08	≤0.20	HJ 479
氟化物（μg/m³）	≤7	≤20	HJ 480

[a] 日平均指任何一日的平均指标。

[b] 1h指任何1h的指标。

②普通农产品和有机产品生产基地。GB/T 19630.1—2011《有机产品 第1部分：生产》标准中规定，有机生产基地环境空气质量应满足GB 3095—2012《环境空气质量标准》二级标准。环境空气污染物基本项目浓度限值见表2-32。环境空气污染物其他项目浓度限值见表2-33。空气环境监测信息表示例见表2-34。

表2-32 环境空气污染物基本项目浓度限值

序号	污染物项目	平均时间	浓度限值		单位
			一级	二级	
1	二氧化硫（SO_2）	年平均	20	60	μg/m³
		24h平均	50	150	
		1h平均	150	500	
2	二氧化氮（NO_2）	年平均	40	40	
		24h平均	80	80	
		1h平均	200	200	
3	一氧化碳（CO）	24h平均	4	4	mg/m³
		1h平均	10	10	
4	臭氧（O_3）	日最大8h平均	100	160	μg/m³
		1h平均	160	200	
5	颗粒物（粒径小于等于10μm）	年平均	40	70	
		24h平均	50	150	
6	颗粒物（粒径小于等于2.5μm）	年平均	15	35	
		24h平均	35	75	

表 2-33　环境空气污染物其他项目浓度限值

序号	污染物项目	平均时间	浓度限值		单位
			一级	二级	
1	总悬浮颗粒物（TSP）	年平均	80	200	μg/m³
		24h平均	120	300	
2	氮氧化物（NOX）	年平均	50	50	
		24h平均	100	100	
		1h平均	250	250	
3	铅（Pb）	年平均	0.5	0.5	
		季平均	1	1	
4	苯［a］并芘（BaP）	年平均	0.001	0.001	
		24h平均	0.002 5	0.002 5	

表 2-34　空气环境监测信息表示例

序号	监测机构	监测时间	监测地点	监测结果				记录日期	记录人
				项目1	项目2	项目3	…		

七、原料储藏信息

【标准原文】

6.2　原料储藏信息

原粮储藏信息、交收检验小样信息，包括其分级、储存位置、储存时间、储存环境信息。

【内容解读】

1. 原粮储藏

原粮是未经加工的粮食的统称，如稻谷、麦类、玉米等。收购的原粮需要储藏于粮仓内，以便按需求、分批次生产加工。原粮储藏是影响追溯产品质量的重要环节，原粮在储藏过程中容易受到有害物质（包括生物、化学、物理污染）的侵袭，致使原粮的质量安全性状发生改变。为保障原粮在储藏过程中的质量安全，农业生产经营主体应按照国家对原粮储藏的环境、设施及管理要求对原粮仓储进行管理，重点记录与质量安全及溯源有关的信息。一般包括收购日期、来源、产地、运输车船号、承运人、品种、数量、仓储环境、熏蒸药剂及熏蒸次数等。以稻谷为例，原粮收购记录——司磅单示例见表 2-35、烘干记录表示例见表 2-36、原粮仓储管理记录示例见表2-37。

表 2-35 原粮收购记录——司磅单示例

收购日期	稻谷来源	稻谷产地	车船号	稻谷品种	数量（t）	承运人

稻谷来源：种植户信息。

稻谷产地：指稻谷来自哪个县域（乡镇）或农场等地域名称。

车船号：指稻谷运输车辆或船舶的号牌，应当填写完整和规范。

稻谷品种：稻谷的名称。

表 2-36 烘干记录表示例

收购日期	稻谷来源	稻谷品种	数量（t）	烘干方式	去向

稻谷来源：稻谷储存的仓库号。

烘干方式：自然晾晒、塔式烘干、箱式烘干。

去向：指烘干后存放到哪个仓库。

表 2-37 原粮仓储管理记录示例

仓号	日期	类型（入库或出库）	稻谷品种	数量（t）	保管员	熏蒸次数	熏蒸药剂

熏蒸次数和熏蒸药剂，在出库时填写，如果没有熏蒸则填"无"。

2. 检验

原粮入库前都应进行交收检验，以便了解原粮的质量安全状况。交收检验一般由农业生产经营主体实验室负责，也可委托有资质的实验室进行。检验项目按照合同约定，或按产品标准选择相关项目进行。原粮入库后，也应对原粮质量进行定期监测，以便了解原粮在存储期间的质量安全状况。谷物的原粮检验信息主要包括溯源信息和质量信息。以稻谷为例，原粮收购记录——化验单示例见表2-38。

表 2-38 原粮收购记录——化验单示例

日期	稻谷来源	稻谷产地	车船号	承运人	品种	水分（%）	杂质（%）	出糙率（%）	黄粒米（%）	去向

稻谷来源、稻谷产地、车船号同原粮收购记录——司磅单示例，见表2-35。

承运人：车船运输人。

去向：指稻谷卸货的地点包括仓号（临时堆/囤）、烘干线名称或加工线名称。

【实际操作】

1. 原粮储藏设施设备基本要求

（1）**库区环境** 仓储库建设时，应考虑库区环境给原粮储藏带来的污染风险，应合理布局，各功能区域划分明显，有适当的分离和分隔措施。粮库内的道路应铺设水泥混凝土，空地应采取必要措施，如铺设水泥混凝土、地砖等，保持环境清洁，防止正常天气下扬尘和积水等现象的发生。粮仓建设地点应远离污染源、危险源，避开行洪和低洼水患地区，粮仓周围不应有虫害大量孳生的潜在场所。货场及作业区应保持清洁，及时清除残留的粮粒、灰尘和杂物。

（2）**储藏设施、设备要求** 仓储库建设和设计应符合国家相关法规标准的要求。粮仓工艺作业应根据粮仓功能、仓型、进出粮方式、原粮种类、储粮周期等条件确定，考虑装卸、输送、清理、除尘、计量、储存、打包、烘干、检（化）验、机械通风、粮情检测、熏蒸等作业需要，工艺流程应力求合理，保证安全、简洁、灵活。与原粮接触的设备与用具的接触面，应使用安全、无毒、无味的材料制作，并应易于清洁和保养。所有生产设备应从设计和结构上避免零件、金属碎屑、润滑油或其他污染物混入原粮，并应易于清洁、检查和维护。粮仓门窗、通风口要密封严密并有隔热措施。门窗、空洞处应设防虫害的设施，如板、网等。原粮入仓前，应对空仓、设备、器材和用具进行检查、清扫和维护，确保粮仓、门窗完好，所有空仓、设备、器材和用具不残留粮粒、灰尘和杂物，无活虫。当发现活虫时，应使用国家允许使用的杀虫剂进行杀虫处理。

（3）**运输设施、设备要求** 运输原粮的车、船、容器在每次运输原粮前应彻底进行清洁，装运过其他物品的车、船、容器等应经过清洗消毒后方可装运原粮。运输的容器、设备应专用，原粮不得与化学物品或有毒物品混装运输。为防止原粮霉变，运输过程中应保证温度和湿度在规定的范围内。车站、码头装卸原粮的货场、泊位宜专用，堆放过农药、化肥及其他有毒有害物品的场所要彻底清理干净，并垫高底部。货场周围无污染物质。

2. 原粮安全控制

（1）**原粮安全水分** 水分是霉菌生长繁殖最重要的影响因素之一，原粮运输到达目的地后，若原粮水分高于安全水分，入仓后要及时采取干燥措施，降低原粮水分含量至安全水分内。储藏过程中应定期检查原粮水分含量，做好记录。

安全水分指常规储藏条件下，某种原粮能够在当地安全度夏而不发热、不霉变的最高水分含量。

原粮储藏过程中水分和霉变粒监控程序如下：

①检测周期。安全水分原粮至少每季度检测1次；超过安全水分的原粮至少每月检测1次。发现粮温升高时，应随时扦样检测。

②检测点设置。

——应在水分含量容易变化的地方设置检测点。

——平房仓检测点分上、中、下3层，在距粮面、仓底、仓壁0.3m处均匀设点，并应按粮堆大小在粮堆中部增设3～10个检测点。靠近门、窗和通风道的部位应增设检测点。

——立筒仓检测点分上、中、下3层，各仓按东、南、西、北、中5个方位在距粮面、仓底、筒壁0.3m处均匀设点，并应按粮堆大小在粮堆中部增设3～10个检测点。靠近检查孔、进粮口、出粮口和通风道的部位应增设检测点。

——浅圆仓检测点分上、中、下3层，各仓按东、南、西、北、中5个方位在距粮面、仓底、筒壁0.3m处均匀设点，并应按粮堆大小在粮堆中部增设3～10个检测点。靠近检查孔、自然通风孔、进粮口、门、出粮口和通风道的部位应增设检测点。

——其他仓型参照以上要求设置检测点。

③安全水分值。原粮的安全水分因粮种、地区、储藏条件的不同而变化，不同粮种的安全水分值见表2-39。具体因地区、储藏条件的不同，安全水分值会略有差异。

表2-39 不同粮种的安全水分值

原粮类别（名称）	小麦	大麦	籼稻	粳稻	玉米	粟	高粱
安全水分值（%）	12.5	13.0	13.5	14.5	14.0	13.5	14.0

（2）温度和湿度 根据粮情检测结果，如在储运过程中发现温度异常点，应及时采取局部通风降温措施。若出现霉变的原粮，应将霉变原粮进行杀菌灭霉处理或采取局部挖掘等措施清理出仓，并做无害化处理。当仓内温度较高时，要适时通风散热、制冷降温或适时倒仓。

原粮储运过程中的温度和湿度监控程序如下：

①虫粮等级判定。各采样点分别计算活的害虫密度（检测内部害虫时，计算粮粒内部和外部活的害虫数之和），以每千克粮样中害虫头数表示，以数值最大点的害虫密度代表全仓的害虫密度，虫粮等级划分见表 2-40。

表 2-40　虫粮等级划分

虫粮等级	害虫密度（头/kg）	主要害虫密度（头/kg）
基本无虫粮	≤5	≤2
一般虫粮	6～30	3～10
严重虫粮	＞30	＞10

注：1. 害虫密度和主要害虫密度两项中有一项达到规定指标即为该等级虫粮。

2. "主要害虫"指玉米象、米象、谷蠹、大谷蠹、绿豆象、豌豆象、蚕豆象、咖啡豆象、麦蛾和印度谷螟。

②检测频率。

（a）粮温 15℃及以下时，安全水分原粮或基本无虫粮 15d 内至少检测 1 次；超过安全水分的原粮或一般虫粮 10d 内至少检测 1 次。

（b）粮温高于 15℃时，安全水分原粮或无虫、基本无虫粮 7d 内至少检测 1 次；超过安全水分的原粮或一般虫粮 5d 内至少检测 1 次。

③温度检测。检测设备：采用粮情检测系统或其他测温仪器。智能粮情监测系统布设示意图见图 2-15，智能粮情监测系统监控结果示意图见图 2-16，指针式温湿度计示意图见图 2-17，电子显示温湿度计示意图见图 2-18，粮情检查记录示例见表 2-41。

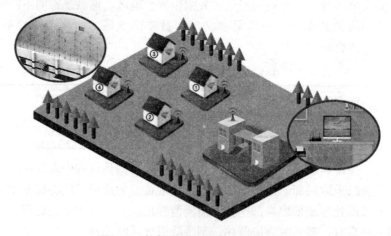

图 2-15　智能粮情监测系统布设示意图

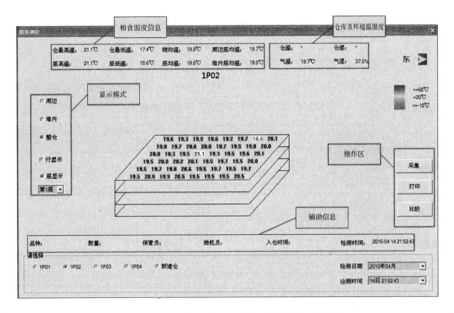

图 2-16 智能粮情监测系统监控结果示意图

图 2-17 指针式温湿度计示意图

图 2-18 电子显示温湿度计示意图

表 2-41 粮情检查记录示例

年 月 日

仓温（℃）		气温（℃）	
仓湿（%）		气湿（%）	

（续）

粮食温度	1. 各部位粮温		处理情况	
	中　南　北　东　西			
	上层			
	中层			
	下层			
	2. 异常粮温 部位： 粮温： 情况判断：			
粮食水分	各部位粮食水分		处理情况	
	中　南　北　东　西			
	上层			
	中层			
	下层			
粮食虫害	1. 害虫种类： 2. 害虫数量： 3. 害虫部位：		处理情况	
粮食情况	1. 粮食气味： 2. 粮食结露、结顶： 3. 霉变： 其他情况：		处理情况	
库房设施	1. 漏雨 2. 反潜		3. 结露 4. 其他	
异常情况				

温度检测点设置：

——散装原粮，用粮情检测系统时，检测点应相互靠近，检测点之间的距离在任何方向均不应大于 3m。如果因经济或其他原因，检测点之间的距离大于 3m 时，应记录实际距离。上层、下层及四周检测点应分别设在距粮面、底部、仓壁 0.3m 处。

——散装原粮，房式仓人工检测粮温时，应分区设点，每区不超过 $100m^2$，各区设中心与四角共 5 个点作为检测点，两区界线上的 2 个点为共有点。粮堆高度在 2m 以下的，分上、下 2 层；粮堆高度 2～4m 的，分上、中、下 3 层；粮堆高度 4～6m 时，分 4 层；粮堆高度 6m 以上的酌情增加层数。上层、下层检测点应分别设在距粮面、底部 0.3m 处。中间层检测点垂直均等设置。四周检测点距墙壁 0.3m。

——包装原粮检测点参照上述原则设置。

——仓温检测点应设在粮堆表面中部距粮面 1m 处的空间，检测点周围不应有照明灯具及其他热源。

——气温检测点应设在仓外空旷地带距地面 1.5m 处的百叶箱内。

④湿度检测。

（a）采用湿度传感器检测粮堆内的相对湿度；采用湿度传感器、干湿球温度计或其他湿度计检测仓内外空气的相对湿度。

（b）粮堆内的检测点应分区设置，每区 100～400m²，各区设中心与四角共 5 个点，分 2 层，分别设在距粮面、底部 0.3m 处，四周检测点设在距墙壁 0.3m 处。

（c）仓内空气相对湿度检测点应设在粮堆表面中部距粮面 1m 处的空间，检测点周围不应有照明灯具及其他热源。

（d）仓外空气相对湿度检测点应设在仓外空旷地带距地面 1.5m 处的百叶箱内。

（3）虫害控制 做好空仓、器材与运输工具的清洁卫生和杀虫处理。安装密封门窗，在仓房门窗、孔洞处布设防虫线。将粮堆温度和相对湿度保持在尽量低的水平，控制害虫的数量增加。采用储粮防护剂、熏蒸剂或气调等各种储粮害虫防治技术防止害虫和螨类感染储粮。

①高温杀虫。将原粮用烘干机、微波设备等加热至 50～55℃进行杀虫，冷却后再入仓储藏。适用于高温杀虫的粮食为耐热性强的原粮，如小麦。

②低温控制。将粮堆温度控制在 15℃以下，抑制害虫的发生与发展。在冬季采用就仓翻倒，输送机倒仓、仓外摊冻或机械通风等措施将粮温降到害虫致死温度以下进行冷冻杀虫。冷冻杀虫时，应采取隔离措施，防止粮堆内害虫潜出越冬。

粮堆温度、粮食水分与害虫致死时间的关系见表 2-42。

表 2-42 粮堆温度、粮食水分与害虫致死时间的关系

单位：d

粮食水分（%）	温度		
	0℃	−5℃	−10℃
11	32	20	10
14	60	33	15
18	110	75	32

③过筛除虫。根据粮粒和虫体大小选择适当筛孔的清理筛，筛除粮食中的害虫。筛除害虫时，应与储粮场所隔离，清理筛的筛下物出口应套布袋收集筛下物。

④压盖防治。用于蛾类害虫的防治。宜在冬末春初粮温较低且第一代蛾类幼虫羽化前进行；压盖时，应由远离仓门的地方开始向仓门口逐步压盖。压盖防治的粮食应基本无虫，水分含量符合当地安全水分规定。

⑤气调控制。二氧化碳、氮气气调储粮，即在密闭粮堆中充入二氧化碳或氮气改变粮堆气体成分，用以防治虫螨、抑制霉菌和延缓粮食品质下降。密闭储藏即采用自然降氧或脱氧剂降氧，实施低氧或缺氧储藏，用以防治虫螨、抑制霉菌、延缓粮食品质下降。

⑥辐照杀虫。具备条件的中转库等可用电离辐射、电子加速器或其他高频电磁波杀虫。杀虫处理前后的粮食应充分隔离。采用辐照杀虫时，对人员和环境的安全防护应符合国家相关规定的要求，辐射剂量和剂量率应符合国家有关食品辐射的规定。

⑦生物防治。用于控制害虫和螨类的苏云金杆菌等病原体、昆虫信息素和生长调节剂等生物制剂，应符合相关国家标准并经农药管理部门登记。

⑧植物源农药防治。用于控制害虫和螨类的植物源农药，应符合相关国家标准并经农药管理部门登记。使用方法与防护剂相同。

⑨化学药剂防治。采用储粮化学药剂防治储粮害虫的种类有熏蒸剂、防护剂及空仓与器材杀虫剂。采用的储粮化学药剂及使用剂量应符合国家标准规定。

（4）化学污染的控制　应建立防止化学污染的管理制度，制定适当的控制计划和控制程序。选择符合要求的储粮化学药品，并按国家相关法规标准的要求使用，对其使用应做记录并保存好使用记录。储粮化学药品应单独存放，明确标识并有专人保管。

①储粮化学药剂的种类和使用原则。采用储粮化学药剂防治储粮害虫的种类有熏蒸剂、防护剂及空仓与器材杀虫剂。储粮化学药剂防治储粮害虫的操作与管理应按照 LS 1212—2008《储粮化学药剂管理和使用规范》的规定执行。除熏蒸气体和防护剂外，其他储粮化学药剂严禁直接接触粮食。采用熏蒸剂熏蒸杀虫后，要做好隔离与防护，以免再次感染。空仓与器材杀虫剂不能作防护剂使用。使用的熏蒸剂或防护剂在粮食中的残留量应符合 GB 2715—2016《国家食品安全标准　粮食》的规定。常用储粮化学药剂及使用方法见表 2-43。

表2-43 常用储粮化学药剂及使用方法

药剂名称	中文通用名	有效成分含量（%）	常规用药剂量（g/m³）			施药后密闭时间（d）	最少散气时间（d）	使用范围
			空间	粮堆	空仓器材			
磷化铝（片、丸剂）	磷化铝	56	3～6	6～9	3～6	≥14	1～10	可熏蒸除粉类外的各种成品粮，但熏蒸种子粮时水分不得超过以下标准：粳稻14%，大麦、玉米13.5%，籼稻、小麦、高粱、荞麦、绿豆12.5%，也可熏蒸器材、空仓、加工厂
磷化铝（粉剂）	磷化铝	85～90	2～4	4～6	3～5	≥14	1～10	
敌敌畏（乳油）	敌敌畏	80	0.1～0.2	—	0.2～0.3	2～5		仅用作空间和空仓器材杀虫
敌百虫（原油）	敌百虫	90			30（0.5%～1%）	1～3		仅用作空仓器材杀虫
辛硫磷（乳油）	辛硫磷	50			30（0.1%）	1～3		仅用作空仓器材杀虫
杀螟硫磷（乳油）	杀螟硫磷	50			30（0.1%）	1～3		仅用作空仓器材杀虫
马拉硫磷（乳油）	马拉硫磷	50			30（0.1%）	1～3		仅用作空仓器材杀虫

②空仓与器材杀虫剂。空仓与器材杀虫剂不应作防护剂使用，也不应与粮食直接接触。空仓、设备、器材和装具带有储粮害虫活体时，宜用表2-43所列的空仓与器材杀虫剂处理。

③防护剂。防护剂仅用于原粮且经过国家农药管理部门农药登记。防护剂的载体应使用与储粮种类相同的粮食糠壳或无毒性的惰性粉。采用喷雾机械施用防护剂，应在皮带输送机输送粮食入仓时定点定量施药。使用防护剂的操作人员应经过培训，使用时应严格按照 GB/T 22498—2008《粮油储藏 防护剂使用准则》的规定进行操作。常用储粮防护剂及使用方法见表2-44。

表 2-44　常用储粮防护剂及使用方法

药剂名称	中文通用名	有效成分	使用范围及用药量	安全间隔期
马拉硫磷	防虫磷	原药纯度≥97%	一般原粮用药量为 10～20mg/kg，对鼠类有一定驱避作用	8 个月 (15mg/kg)
溴氰菊酯	凯安保	溴氰菊酯 2.5%＋胡椒基丁醚增效醚 25%＋乳化剂溶剂	一般原粮用药量为 0.4～0.75mg/kg，对谷蠹有特效	3 个月 (0.5mg/kg)
杀螟硫磷	杀虫松	原药纯度≥93%	一般原粮用药量为 5～15mg/kg，对防虫磷抗性害虫有效	8 个月 (10mg/kg) 15 个月 (15mg/kg)
甲基嘧啶磷	甲基嘧啶磷	甲基嘧啶磷	一般原粮用药量为 5～10mg/kg，用于空仓器材杀虫一般为 0.5g/m²	12 个月 (8mg/kg)
溴氰·杀螟松	溴氰·杀螟松	杀螟硫磷 1%＋溴氰菊酯 0.01%＋填充料	用药量与原粮之比为 1：2 500	8 个月 (15mg/kg)
惰性粉杀虫剂	硅藻土等	主要原料应符合食品添加剂标准	一般原粮用药剂量为 100～500mg/kg，用于空仓杀虫为 3～5g/m²（面积为空仓的内表面积），防虫线为 10～50g/m²，防虫线宽度 10～20cm	无

　　④熏蒸剂。使用的熏蒸剂必须通过国家农药管理部门的农药登记。实施磷化氢熏蒸杀虫的粮仓应符合 LS/T 1201—2002《磷化氢环流熏蒸技术规程》规定的气密性标准，达不到标准时，应采用辅助措施密闭。进行磷化氢熏蒸杀虫时，应根据害虫的耐药性和粮温，设定磷化氢最低有效浓度和密闭时间。根据设定的磷化氢浓度，选定单位用药量。需要补充施药时，根据实际测定的最低浓度与设定浓度的差值，确定补充用药量。磷化氢环流熏蒸设备应符合 GB/T 17913—2008《粮油储藏　磷化氢环流熏蒸装备》的规定。熏蒸投药和散气应在白天工作时间进行。熏蒸后开仓散气时，无论粮仓是内密封还是外密封，均应从仓外打开门窗或密闭膜。先开下风向门窗，后开上风向门窗。熏蒸后通风散气时，仓房或货位周围应设置警戒线并有专业人员值守和检测周围环境的磷化氢浓度，防止非相关人员靠近。熏蒸、散气操作人员应经过培训，熏蒸时应严格按照 GB/T

22497—2008《粮油储藏 熏蒸剂使用准则》、LS/T 1201—2002《磷化氢环流熏蒸技术规程》和 LS 1212—2008《储粮化学药剂管理和使用规范》的规定进行操作。不同温度下不同虫种不同密闭时间的磷化氢熏蒸最低有效浓度设定见表 2-45，低剂量熏蒸和环流熏蒸推荐的磷化铝片剂（或丸剂）单位用药量见表 2-46。

表 2-45 不同温度下不同虫种不同密闭时间的磷化氢熏蒸最低有效浓度设定

代表性害虫的属或种	温度（℃）	最低有效浓度（mL/m³）		
		密闭 14d 以上时	密闭 21d 以上时	密闭 28d 以上时
玉米象、长头谷盗、杂拟谷盗及其他敏感害虫	＞25	200	150	100
	20～25	250	200	150
	15～20	—	250	200
扁谷盗（属）、蛾类、谷蠹、米象、书虱、螨类、赤拟谷盗、米扁虫及其他抗性虫种	＞25	300	250	200
	20～25	350	300	250
	15～20	—	350	300

注：温度指害虫发生部位的最低粮温。

表 2-46 低剂量熏蒸和环流熏蒸推荐的磷化铝片剂（或丸剂）单位用药量

设定浓度（mL/m³）	粮种	单位用药剂量（g/m³）
100～300	小麦	1.5～3
	玉米	2～3
	稻谷	2～3.5

（5）物理污染的控制 应建立防止异物污染的管理制度，制定相应的控制计划和控制程序。应通过采取设备维护、卫生管理、现场管理、外来人员管理等措施确保原粮免受异物（如玻璃或金属碎片、尘土、沙粒等）的污染。应采取有效措施进行清杂处理并防止其他外来杂物混入原粮中。被清理的杂质应及时做无害化处理。当进行现场维修、维护及施工等工作时，应采取适当措施避免异物、异味、碎屑等污染原粮。

3. 检验

（1）检验项目 原粮交收检验项目因原粮品种不同而有所差异，具体项目参照合同或产品标准选择相关项目执行。早籼稻谷、晚籼稻谷、籼糯稻谷质量指标见表 2-47，粳稻谷、粳糯稻谷质量指标见表 2-48，小麦质量指标见表 2-49，裸大麦质量指标见表 2-50，玉米质量指标见表 2-51，粟质量指标见表 2-52，高粱质量指标见表 2-53。

表 2-47　早籼稻谷、晚籼稻谷、籼糯稻谷质量指标

等级	出糙率（%）	整精米率（%）	杂质含量（%）	水分含量（%）	黄粒米含量（%）	谷外糙米含量（%）	互混率（%）	色泽、气味
1	≥79.0	≥50.0						
2	≥77.0	≥47.0						
3	≥75.0	≥44.0	≤1.0	≤13.5	≤1.0	≤2.0	≤5.0	正常
4	≥73.0	≥41.0						
5	≥71.0	≥38.0						
等外	<71.0	—						

注："—"为不要求。

数据来源：GB 1350—2009《稻谷》。

表 2-48　粳稻谷、粳糯稻谷质量指标

等级	出糙率（%）	整精米率（%）	杂质含量（%）	水分含量（%）	黄粒米含量（%）	谷外糙米含量（%）	互混率（%）	色泽、气味
1	≥81.0	≥61.0						
2	≥79.0	≥58.0						
3	≥77.0	≥55.0	≤1.0	≤14.5	≤1.0	≤2.0	≤5.0	正常
4	≥75.0	≥52.0						
5	≥73.0	≥49.0						
等外	<73.0	—						

注："—"为不要求。

数据来源：GB 1350—2009《稻谷》。

表 2-49　小麦质量指标

等级	容重（g/L）	不完善粒（%）	杂质（%）		水分（%）	色泽、气味
			总量	其中：矿物质		
1	≥790	≤6.0				
2	≥770					
3	≥750	≤8.0	≤1.0	≤0.5	≤12.5	正常
4	≥730					
5	≥710	≤10.0				
等外	<710	—				

注："—"为不要求。

数据来源：GB 1351—2008《小麦》。

98

表 2-50 裸大麦质量指标

等级	容重（g/L）	不完善粒（%）	杂质（%）		水分（%）	色泽、气味
			总量	其中：矿物质		
1	≥790	≤6.0				
2	≥770					
3	≥750	≤8.0	≤1.0	≤0.5	≤13.0	正常
4	≥730	≤10.0				
5	≥710	—				
等外	<710					

注："—"为不要求。

数据来源：GB/T 11760—2008《裸大麦》。

表 2-51 玉米质量指标

等级	容重（g/L）	不完善粒含量（%）	霉变粒含量（%）	杂质含量（%）	水分含量（%）	色泽、气味
1	≥720	≤4.0				
2	≥690	≤6.0				
3	≥660	≤8.0	≤2.0	≤1.0	≤14.0	正常
4	≥630	≤10.0				
5	≥600	≤15.0				
等外	<600	—				

注："—"为不要求。

数据来源：GB 1353《玉米》。

表 2-52 粟质量指标

等级	容重（g/L）	不完善粒（%）	杂质（%）		水分（%）	色泽、气味
			总量	其中：矿物质		
1	≥670	≤1.5				
2	≥650		≤2.0	≤0.5	≤13.5	正常
3	≥630	—				
等外	<630					

数据来源：GB/T 8232—2008《粟》。

表 2-53　高粱质量指标

等级	容重 (g/L)	不完善粒 (%)	单宁 (%)	水分 (%)	杂质 (%)	带壳粒 (%)	色泽、 气味
1	≥740						
2	≥720	≤3.0	≤0.5	≤14.0	≤1.0	≤5	正常
3	≥700						

数据来源：GB/T 8231—2007《高粱》。

（2）检验方法

①色泽、气味检验按 GB/T 5492—2008《粮油检验　粮食、油料的色泽、气味、口味鉴定》执行。

②类型及互混检验按 GB/T 5493—2008《粮油检验　类型及互混检验》执行。

③杂质、不完善粒检验按 GB/T 5494—2019《粮油检验　粮食、油料的杂质、不完善粒检验》执行。

④出糙率检验按 GB/T 5495—2008《粮油检验　稻谷出糙率检验》执行。

⑤黄粒米检验按 GB/T 5496—1985《粮食、油料检验　黄粒米及裂纹粒检验法》执行。

⑥水分检验按 GB 5009.3—2016《食品安全国家标准　食品中水分的测定》执行。

⑦容重检验按 GB/T 5498—2013《粮油检验　容重测定》执行。

⑧单宁检验按 GB/T 15686—2008《高粱　单宁含量的测定》执行。

八、加工包装信息

【标准原文】

6.3　加工包装信息

加工包装批次、加工包装日期、加工包装设施、投入品来源与使用剂量、包装材质来源、包装规格等信息。

【内容解读】

1. 加工包装批次

依据 GB 1354《大米》中规定，同原料、同工艺、同设备、同班次加工的产品即为一个加工包装批次。

2. 加工包装日期

食品成为最终产品的日期，也包括包装或灌装日期，即将食品装入

（灌入）包装物或容器中，形成最终销售单元的日期。

日期标示应满足如下要求：

（1）应清晰标示预包装食品的生产日期和保质期 如日期标示采用"见包装物某部位"的形式，标示所在包装物的具体部位。日期标示不得另外加贴、补印或篡改。

（2）当同一预包装内含有多个标示了生产日期及保质期的单件预包装食品时，外包装上标示的保质期应按最早到期的单件食品的保质期计算 外包装上标示的生产日期应为最早生产的单件食品的生产日期，或外包装形成销售单元的日期；也可在外包装上分别标示各单件装食品的生产日期和保质期。

（3）应按年、月、日的顺序标示日期 如果不按此顺序标示，应注明日期标示顺序。

3. 加工包装设施

典型的谷物生产加工工艺包括筛选、去石、磁选、去壳、谷糙分离、碾米、色选、抛光、成品包装。

稻谷、麦类、玉米、粟、高粱等所涉及的生产加工包装设备如下所示：

原粮初清设备包括：初清筛、风选器、输送式磁选机、除尘器、风机等。

原粮加工清理设备包括：振动筛、去石机、磁选器、输送式磁选机、除尘器、风机等。

大米等所涉及的生产加工包装设备如下所示：

砻谷及谷糙分离设备包括：砻谷机、稻壳分离机（器）、谷糙分离机、磁选器、输送式磁选机、除尘器、风机等。

碾米、抛光、分级、色选设备包括：碾米机、抛光机、分级机（筛）、色选机、水过滤设施（如需要）、磁选器、输送式磁选机、除尘器、风机、仓斗等。

日期打印、包装、堆码设备包括：包装机、编织袋封口机、塑料袋热封机、打捆机、日期打印（喷码）机等。

4. 投入品来源与使用剂量

谷物生产加工过程中投入品来源主要为加工用水及食品添加剂。

（1）加工用水 依据 GB 2762—2017《食品安全国家标准 食品中污染物限量》，谷物及其制品中铅、镉、汞、砷、铬有限量要求。这些污染物在谷物生产加工过程中主要由加工用水所致（另外，在种植环节主要由灌溉水、土壤、大气环境带入）。同时，加工用水还会带入微生物污染。

加工用水水源类型及所需环节监测信息如下：

①生活饮用水。即供居民使用的自来水，原则上不需环境监测。

②深井水。即供水层为土层下的基岩，且井壁密封。深井水的水量常年稳定；水质稳定，不受地表水和土层渗水影响。

③浅井水。即供水层为土层。浅井水的水量不稳定，丰水期（7月、8月为典型）水位上升，枯水期（1月、2月为典型）水位下降；水质不稳定，受地表水和土层渗水影响。需每年丰水期及枯水期各作一次环境监测。

（2）食品添加剂　《食品安全法》第一百五十条规定：食品添加剂指为改善食品品质和色、香、味以及为防腐、保鲜和加工工艺的需要而加入食品中的人工合成或者天然物质，包括营养强化剂。

GB 2760—2014《食品安全国家标准　食品添加剂使用标准》中规定，我国许可使用的食品添加剂有23个类别，其中包括人工合成物质和天然物质，包括能存留于食品中的食品添加剂以及不存留于食品中的食品添加剂，即加工助剂。以上标准列出了每种食品添加剂的名称、中国编码系统（CNS）编号、国际编码系统（INS）编号、功能、适用的食品分类号、食品名称、最大使用量（g/kg）和备注。该23类是用于各种食品的，有些食品添加剂不会用在农产品中，如消泡剂、胶基糖果中基础剂物质等。

GB 14880—2012《食品安全国家标准　食品营养强化剂使用标准》中规定，营养强化剂指为了增加食品的营养成分（价值）而加入到食品中的天然或人工合成的营养素和其他营养成分。以上标准列出了营养强化剂允许使用品种、营养强化剂名称、食品分类号、食品类别（名称）、使用量。

5. 包装材质来源

包装材质泛指直接接触并构成包装的塑料、纸张、木材、金属、纤维等材料的总称。谷物产品其包装方式主要有箱、桶、罐、袋等。

包装材质的要求。无论何种材质均应具有相应的力学性能（强度、硬度、刚性、塑性、韧性等）、渗透性（透过性和阻隔性）、耐温性（耐低温、保温性）、化学稳定性能（如耐油、耐酸、耐碱、耐腐蚀）、光学性能等，能抗御农产品在物流中正常外部条件的影响。除满足以上要求，粮食类包装材料还应具有适宜的防潮性和耐霉性。

6. 包装规格

包装规格是指同一预包装内含有多件预包装食品时，对净含量和内含件数关系的表述。

包装产品规格尺寸的设计应给封口、气调或采用真空包装留有足够余量，规格尺寸应参照有关尺寸标准规定，并与运输包装尺寸相匹配。

粮食销售包装规格系列见表 2-54。

表 2-54 粮食销售包装规格系列

品名	规格系列（kg）
颗粒状粮食	1, 2, 2.5, 5, 10, 15, 20, 25, 50

（1）净含量和规格

①净含量的标示应由净含量、数字和法定计量单位组成。

②标示包装物（容器）中食品的净含量，应采用法定计量单位：例如，固态食品，用质量克（g）、千克（kg）。

③净含量的计量单位应按表 2-55 标示。

表 2-55 净含量计量单位的标示方式

计量方式	净含量（Q）的范围	计量单位
质量	$Q<1\,000g$ $Q\geqslant1\,000g$	克（g） 千克（kg）

④同一预包装内含有多个单件预包装食品时，大包装在标示净含量的同时还应标示规格。

⑤规格的标示应由单件预包装食品净含量和件数组成，或只标示件数，可不标示"规格"二字。单件预包装食品的规格即指净含量。

（2）生产者、经销者的名称、地址和联系方式

①应当标注生产者的名称、地址和联系方式。生产者名称和地址应当是依法登记注册、能够承担产品安全质量责任的生产者的名称、地址。有下列情形之一的，应按下列要求予以标示。

（a）依法独立承担法律责任的集团公司、集团公司的子公司，应标示各自的名称和地址。

（b）不能依法独立承担法律责任的集团公司的分公司或集团公司的生产基地，应标示集团公司和分公司（生产基地）的名称、地址；或仅标示集团公司的名称、地址及产地，产地应当按照行政区划标注到地市级地域。

（c）受其他单位委托加工预包装食品的，应标示委托单位和受委托单位的名称和地址；或仅标示委托单位的名称和地址及产地，产地应当按照行政区划标注到地市级地域。

②依法承担法律责任的生产者或经销者的联系方式应标示以下至少一项内容：电话、传真、网络联系方式等，或与地址一并标示的邮政地址。

【实际操作】

1. 加工包装批次

农业生产经营主体可以根据生产实际情况进行设定加工包装批次编制规则，如有多条生产线或加工线及多个生产班次或加工班组。编制规则按年 4 位＋月 2 位＋日 2 位＋生产线或加工线 1 位＋生产班次或加工班组 1 位＋生产加工时间 1 位。其中，生产线或加工线、生产班次或加工班组、生产加工时间可以是英文字母也可以用数字表示。集团企业如有多个分公司，编制时可后缀分公司简称（图 2-19）。

图 2-19　加工包装批次编制规则示例

加工包装批次记录示例见表 2-56。

表 2-56　加工包装批次记录示例

稻谷来源	加工日期	加工线名称	稻谷品种	加工班组	产品名称	包装规格	包装数量	产品追溯码/生产批次号	责任人

2. 加工包装设施

为促进谷物产品的合格，应规范加工的相关要求，包括如下：

（1）谷物的清理

①磨制原粮必须经过筛选、磁选、风选、去石等清理过程，以去除金属物、沙石等杂质。

②风网系统的设备、除尘器、风机管道应合理组合，使之处于最佳工作状态。要根据不同的设备组合要求，选择最佳的工艺参数，达到除杂效果。

③生产过程中要监视测量工艺参数和除杂结果，保证成品中限度指标（含沙量、磁性金属物等）符合相应要求。

（2）碾米

①在谷物碾米抛光加工过程中，应制定合理工艺与技术要求，控制着水量、湿润原粮时间，防止谷物产品水分超标。

②谷物碾米抛光过程中应经常检查研磨设备的工作状态和研磨效果，及时维修研磨设备或更换磨辊，尽可能降低产品中由于机器磨损产生的磁性金属物含量。

③磁选设备应定期清理，保证磁选效果。

④色选机、检查（保险）筛应制定合理的工艺参数，并加强监控，保证效果。

（3）产品包装　产品的包装过程应保证产品的品质和卫生安全，避免杂质、致病微生物及金属物（断针）等污染产品。

加工包装设施设备维修保养记录应包括下述内容：

①生产加工设施设备的名称、生产厂商、维护保养人名称；

②生产加工设施设备的状态、使用寿命、维修历史。

加工包装设施设备维修保养记录示例见表 2-57。

表 2-57　加工包装设施设备维修保养记录示例

设备名称	生产厂商	使用部门	维护保养情况				
			维护保养日期	设备状态	是否需进行维护	维护保养内容	维护保养人

3. 加工包装日期

加工包装日期中年、月、日可用空格、斜线、连字符、句点等符号分隔，或不用分隔符。年代号一般应标示 4 位数字，小包装食品也可以标示 2 位数字。月、日应标示 2 位数字。

日期的标示可以有如下形式：

2010 年 3 月 20 日；

2010 03 20；

2010/03/20；

2010 03 20；

20 日 3 月 2010 年；

（月/日/年）；

3 月 20 日 2010 年；

03 20 2010；

03/20/2010；

03 20 2010。

4. 投入品来源与使用剂量

（1）为保证谷物生产工艺过程中用水的清洁卫生，其加工用水应当符合 GB 5749—2006《生活饮用水卫生标准》的要求。

食品添加剂可用于加工农产品（如大米），也可用于种植业农产品，如稻谷、麦类、玉米、粟、高粱等，如丙酸及其钠盐、钙盐可作为酸型防腐剂用于原粮。

（2）食品添加剂使用原则

①应符合以下基本要求：

（a）不应对人体产生任何健康危害：每种食品添加剂都规定了适用的食品名称、最大使用量，有的还规定了最大残留量。GB 2760—2014《食品安全国家标准 食品添加剂使用标准》中规定的最大使用量是依据以下程序确定的：由联合国食品添加剂联合专家委员会（JECFA）制定国际通用的日允许摄入量（ADI），这是基础性数据，结合通用的饮食习惯计算最大使用量（ML），由其在食品中的降解计算最大残留量（MRL）。为贯彻该原则，需做到以下两点：

——禁止超范围使用。例如，漂白剂焦亚硫酸钠可用于食糖、葡萄酒，不准用于大米等。

——禁止超量使用。例如，同一功能的食品添加剂（相同色泽着色剂、防腐剂、抗氧化剂）在混合使用时，各自用量占其最大使用量的比例之和不应超过 1。

（b）不应掩盖食品腐败变质。

（c）不应掩盖食品本身或加工过程中的质量缺陷或以掺杂、掺假、伪造为目的而使用食品添加剂。

（d）不应降低食品本身的营养价值。

（e）在达到预期效果的前提下尽可能降低在食品中的使用量。

（f）营养强化剂的使用不应导致人群食用后营养素及其他营养成分摄入过量或不均衡，不应导致任何营养素及其他营养成分的代谢异常。

（g）营养强化剂的使用不应鼓励和引导与国家营养政策相悖的食品消费模式。

（h）添加到食品中的营养强化剂应能在特定的储存、运输和食用条件下保持质量的稳定。

（i）添加到食品中的营养强化剂不应导致食品一般特性如色泽、滋味、气味、烹调特性等发生明显不良改变。

（j）不应通过使用营养强化剂夸大食品中某一营养成分的含量或作用误导和欺骗消费者。

②在以下情况下可使用食品添加剂：

（a）保持或提高食品本身的营养价值：例如，维生素 B_1 作为营养强化剂用于大米及其制品。

（b）作为某些特殊膳食用食品的必要配料或成分：例如，大米及其制品中加入的维生素类。

（c）提高食品的质量和稳定性，改进其感官特性。

（d）便于食品的生产、加工、包装、运输或储存。

③食品添加剂应符合相应的质量规格要求：使用合法供应的，质量合格的食品添加剂。

④由食品配料（含食品添加剂）中的食品添加剂带入食品中的，则应符合带入原则：

（a）配料所用食品添加剂的品种应符合 GB 2760—2014《食品安全国家标准 食品添加剂使用标准》及 GB 14880—2012《食品安全国家标准 食品营养强化剂使用标准》。

（b）配料所用食品添加剂的最大使用量应符合 GB 2760—2014《食品安全国家标准 食品添加剂使用标准》及 GB 14880—2012《食品安全国家标准 食品营养强化剂使用标准》。

（c）应在正常生产工艺条件下使用这些配料，并且食品中该食品添加剂的含量不应超过由配料带入的水平。

（d）由配料带入食品中的该添加剂的含量应明显低于直接将其添加到该食品中通常所需要的水平。

（3）食品添加剂使用规定

①普通食品执行 GB 2760—2014《食品安全国家标准 食品添加剂使用标准》。

②绿色食品执行 NY/T 392—2013《绿色食品 食品添加剂使用准则》。在不得使用的食品添加剂品种中，一部分涉及农产品（包括种植业和养殖业农产品），另一部分涉及非农产品的加工食品（如食用盐、饮料、酱腌菜、调味料等）。

③有机产品执行 GB/T 19630.2—2011《有机产品 第 2 部分：加工》。允许添加的食品添加剂有 37 种，即 10 种增稠剂（卡拉胶等）、4 种稳定剂（刺梧桐胶等）、9 种酸度调节剂（酒石酸等）、4 种膨松剂（酒石酸氢钾等）、2 种漂白剂（二氧化硫等）、2 种抗氧化剂（维生素 C 等）、1 种抗结剂（二氧化硅）、1 种乳化剂（甘油）、2 种护色剂（硝酸钾、亚硝酸钠）、1 种着色剂（胭脂树橙）以及氯化钾（加入食盐中降低钠含量，成为低钠盐）。

④营养强化剂在谷物中的使用范围、使用量应符合表 2-58 的要求。

表 2-58　营养强化剂的允许使用品种、使用范围及使用量

营养强化剂	食品分类号	食品类别（名称）	使用量
维生素类			
维生素 A	06.02.01	大米	600～1 200μg/kg
维生素 B_1	06.02	大米及其制品	3～5mg/kg
维生素 B_2	06.02	大米及其制品	3～5mg/kg
烟酸（尼克酸）	06.02	大米及其制品	40～50mg/kg
叶酸	06.02.01	大米（仅限免淘洗大米）	1 000～3 000μg/kg
矿物质类			
铁	06.02	大米及其制品	14～26mg/kg
钙	06.02	大米及其制品	1 600～3 200mg/kg
锌	06.02	大米及其制品	10～40mg/kg
硒	06.02	大米及其制品	140～280μg/kg
其他			
L-赖氨酸	06.02	大米及其制品	1～2g/kg
酪蛋白钙肽	06.0	粮食和粮食制品，包括大米、面粉、杂粮、淀粉等06.01 及 07.0	≤1.6g/kg

谷物允许使用的化合物来源应符合表 2-59 的规定。

表 2-59　允许使用的营养强化剂化合物来源名单

营养强化剂	化合物来源
维生素 A	醋酸视黄酯（醋酸维生素 A） 棕榈酸视黄酯（棕榈酸维生素 A） 全反式视黄醇 β-胡萝卜素
维生素 B_1	盐酸硫胺素 硝酸硫胺素
维生素 B_2	核黄素 核黄素-5′-磷酸钠
烟酸（尼克酸）	烟酸 烟酰胺
叶酸	叶酸（蝶酰谷氨酸）

（续）

营养强化剂	化合物来源
铁	硫酸亚铁 葡萄糖酸亚铁 柠檬酸铁铵 富马酸亚铁 柠檬酸铁 乳酸亚铁 氯化高铁血红素 焦磷酸铁 铁卟啉 甘氨酸亚铁 还原铁 乙二胺四乙酸铁钠 羰基铁粉 碳酸亚铁 柠檬酸亚铁 延胡索酸亚铁 琥珀酸亚铁 血红素铁 电解铁
钙	碳酸钙 葡萄糖酸钙 柠檬酸钙 乳酸钙 L-乳酸钙 磷酸氢钙 L-苏糖酸钙 甘氨酸钙 天门冬氨酸钙 柠檬酸苹果酸钙 醋酸钙（乙酸钙） 氯化钙 磷酸三钙（磷酸钙） 维生素 E 琥珀酸钙 甘油磷酸钙 氧化钙 硫酸钙 骨粉（超细鲜骨粉）

（续）

营养强化剂	化合物来源
锌	硫酸锌 葡萄糖酸锌 甘氨酸锌 氧化锌 乳酸锌 柠檬酸锌 氯化锌 乙酸锌 碳酸锌
硒	亚硒酸钠 硒酸钠 硒蛋白 富硒食用菌粉 L-硒-甲基硒代半胱氨酸
L-赖氨酸	L-盐酸赖氨酸 L-赖氨酸天门冬氨酸盐
酪蛋白钙肽	酪蛋白钙肽

（4）食品添加剂使用信息记录内容

①食品添加剂名称。通用名称，不应使用商品名称，通用名称是其登记时的名称，并附有中国编码系统（CNS）的编号。该编号有两部分组成，即食品添加剂的主要功能类别代码和该类别中的顺序号。

②食品添加剂来源。应注明生产商、供应商名称及联系方式、生产许可证号（标明我国法律和行政管理部门允许生产）、产品批号（标明批次，便于追溯）、进货日期、有效期限。

③产品标准（使用批次中应存留两个最小包装，便于事故追溯时用一个包装化验结果与产品标准对比，验证是否合格；另一个包装用于仲裁）。

④有效成分含量。

⑤被投入的食品。

⑥使用量。

⑦使用方式。

⑧使用环节。

⑨使用时间。

⑩使用责任人。

⑪需记录的其他信息，如规格、数量、领用量等内容。

食品添加剂采购登记单示例见表 2-60、食品添加剂出入库登记单示例见表 2-61、食品添加剂使用登记单示例见表 2-62。

表2-60 食品添加剂采购登记单示例

序号	名称	规格	数量	生产许可证号	执行标准	产品批号	生产日期	有效成分	使用范围	保质期	生产商	联系方式	供应商	联系方式	进货日期	采购人
1																
2																
3																
4																

表2-61 食品添加剂出入库登记单示例

序号	名称	规格	产品批号	生产日期	生产商	入库数量	入库时间	库管员	出库数量	出库时间	领用人
1											
2											
3											
4											

表2-62 食品添加剂使用记录单示例

序号	使用日期	食品添加剂				加工食品种			使用人	备注
		名称	生产日期	产品批号	使用量	名称	生产量	产品批号		
1										
2										
3										
4										

111

（5）包装材质来源　包装材质来源应满足以下要求：

①包装材料要求。

（a）应按包装技术要求，合理选择安全、卫生、环保的包装材料。

（b）包装材料不应与内装物发生任何物理和化学作用而损坏内装物，包装材料应为食品级材质。

（c）与内装物直接接触的包装容器和材料应符合相应材质卫生标准及产品标准的要求。

（d）采用气调、真空等包装技术的，气密性应符合相关标准的要求。

②基本要求。

（a）包装材料应清洁、卫生，不应与粮食发生化学作用而产生变化，符合国家有关食品卫生标准和管理办法的规定。

（b）包装容器应便于消费者开启、使用、搬运、储存；应能保护食用粮食安全、卫生，符合相应包装容器的卫生标准。

（c）包装容器的生产应取得食品包装卫生许可证。对于已纳入容器生产许可管理范围的，应通过相应机构认证并取得生产许可证。

③包装材料的控制。

（a）建立与产品直接接触内包装材料合格供方名录，制定验收标准。

（b）包装材料接收时应由供方提供符合相关法律法规、标准要求的检验报告。

（c）当供方或材质发生变化时，应重新评价，并由供方提供检验报告。

④包装材料采购与验收的记录应包括下述内容：

（a）包装材料的名称、规格、数量、采购日期、供货单位、合格证、合同名称、采购者名称。

（b）包装材料的供货清单、供货日期、供货者名称及其联系方式。

（c）包装材料的验收所依据标准或者规范的名称（或编号）、验收情况、验收不合格包装材料的处理、验收者名称。

（d）包装材料的储存地点、储存条件、保质期。如产品采用复合膜、袋进行包装，则依据 GB/T 21302—2007《包装用复合膜、袋通则》中规定产品保质期自生产之日起一年。

包装材料采购记录示例见表 2-63，包装材料验收记录示例见表 2-64。

表 2-63　包装材料采购记录示例

采购日期	包装材料名称	产品批号	规格	数量	检测报告	供货商	联系方式	采购人

表 2-64 包装材料验收记录示例

包装材料名称		规格	
产品批号		供应商	
验证项目			
序号	验证项目	验证情况	判定
1	尺寸	□有□无	□符合□不符合
2	破损	□有□无	□符合□不符合
3	图案、文字是否清晰、正确	□有□无	□符合□不符合
验收结果：□合格□不合格			
检验员： 检验时间：			

（6）**包装规格** GB 7718—2011《食品安全国家标准 预包装食品标签通则》中关于包装规格规定如下：

①净含量和规格的标示。为方便表述，净含量的示例统一使用质量为计量方式，使用冒号为分隔符。标签上应使用实际产品适用的计量单位，并可根据实际情况选择空格或其他符号作为分隔符，便于识读。

（a）单件预包装食品的净含量（规格）可以有如下标示形式：

净含量（或净含量/规格）：450 克；

净含量（或净含量/规格）：225 克（200 克＋送 25 克）；

净含量（或净含量/规格）：200 克＋赠 25 克；

净含量（或净含量/规格）：（200＋25）克。

（b）同一预包装内含有多件同种类的预包装食品时，净含量和规格均可以有如下标示形式：

净含量（或净含量/规格）：40 克×5；

净含量（或净含量/规格）：5×40 克；

净含量（或净含量/规格）：200 克（5×40 克）；

净含量（或净含量/规格）：200 克（40 克×5）；

净含量（或净含量/规格）：200 克（5 件）；

净含量：200 克 规格：5×40 克；

净含量：200 克 规格：40 克×5；

净含量：200 克 规格：5 件；

净含量（或净含量/规格）：200 克（100 克＋50 克×2）；

净含量（或净含量/规格）：200 克（80 克×2＋40 克）；

净含量：200 克 规格：100 克＋50 克×2；

净含量：200 克 规格：80 克×2＋40 克。

（c）同一预包装内含有多件不同种类的预包装食品时，净含量和规格可以有如下标示形式：

净含量(或净含量/规格)：200 克（A 产品 40 克×3，B 产品 40 克×2）；

净含量（或净含量/规格）：200 克（40 克×3，40 克×2）；

净含量（或净含量/规格）：100 克 A 产品，50 克×2 B 产品，50 克 C 产品；

净含量（或净含量/规格）：A 产品：100 克，B 产品：50 克×2，C 产品：50 克；

净含量/规格：100 克（A 产品），50 克×2（B 产品），50 克（C 产品）；

净含量/规格：A 产品 100 克，B 产品 50 克×2，C 产品 50 克。

②保质期的标示。保质期可以有如下标示形式：

最好在……之前食（饮）用；……之前食（饮）用最佳；……之前最佳；

此日期前最佳……；此日期前食（饮）用最佳……；

保质期（至）……；保质期××个月（或××日，或××天，或××周，或×年）。

③储存条件的标示。储存条件可以标示"储存条件""储藏条件""储藏方法"等标题，或不标示标题。

储存条件可以有如下标示形式：

常温（或冷冻，或冷藏，或避光，或阴凉干燥处）保存；

××－××℃保存；

请置于阴凉干燥处；

常温保存，开封后需冷藏；

温度：≤××℃，湿度：≤××％。

九、产品储藏信息

【标准原文】

6.4 产品储藏信息

库号、日期、设施、环境条件、保管员等信息。

【内容解读】

产品应放置在指定的成品库里，如有多个成品库，应对每个成品库进行编号加以区分，如成品库 1 号、成品库 2 号等；产品储藏日期应包括产品入库和出库日期；储藏设施包括常温储藏所用架设、通风设施、照明设施以及监控设施；成品库应有专人管理，定期检查质量和卫生情况，及时清理变质或超过保质期的产品，保管员应做好定期检查。

【实际操作】

储藏要求包括：

1. 仓库应有防潮、防虫、防鼠措施，远离火源，保持清洁。

2. 仓库温度以常温为宜，避免温度骤然升降。对于特殊产品，应根据其储存要求设置温度。

3. 仓库内应能保持空气干燥，通风条件良好，地面平整，具有防潮设施。

4. 产品包装不得露天堆放或与潮湿地面直接接触，底层仓库内堆放产品时应用垫板垫起，垫板与地面间距离不得小于 10cm，堆垛应离四周墙壁 50cm 以上，堆垛与堆垛之间应保留 50cm 通道。

5. 仓库卫生应符合 GB 14881—2013《食品安全国家标准　食品生产通用卫生规范》要求。

6. 建立储存设施管理记录程序。

7. 应记录并保存产品入库的日期、库号、追溯码、名称、规格、数量、储藏条件、保管员，产品储藏记录示例见表 2-65。

表 2-65　产品储藏记录示例

日期	库号	追溯码	产品名称	规格	数量（t）	储藏条件	保管员

十、产品运输信息

【标准原文】

6.5　产品运输信息

产品、运输工具、环境条件、日期、起止地点、数量等信息。

【内容解读】

运输工具包括车、船，应进行编号；运输车应保证车厢洁净无异味，记录车辆卫生状况；运输日期和位置均应记录起止的日期和位置；运输数量可以吨或件记录。同时，为了运输产品可追溯，记录上应有产品追溯码。

【实际操作】

产品运输信息示例见表 2-66。

表 2-66　产品运输信息示例

追溯码	运输工具	运输号	车辆卫生状况	运输日期	起止位置	运输数量	责任人

十一、产品销售信息

【标准原文】

6.6　产品销售信息

分销商、零售商、进货时间、上市时间等信息。

【内容解读】

1. 分销商、零售商

产品的市场流向信息应是具体的分销商、零售商。分销商不一定直接零售，它可流转到零售商，零售商则直接销售给消费者。以上销售信息结合追溯码上反映的信息，可以确保产品追溯信息从生产到消费的可追溯性。

2. 进货时间、上市时间

这些信息是零售商应记录的信息。进货时间和上市时间可使产品别超过其保质期。

【实际操作】

产品销售信息示例见表 2-67。

表 2-67　产品销售信息示例

产品追溯码	分销商	零售商	进货时间	上市时间	责任人

十二、产品检验信息

【标准原文】

6.7 产品检验信息

产品来源、检测日期、检测机构、检验结果等信息。

【内容解读】

《食品安全法》（中华人民共和国主席令第二十一号）第五十一条 食品生产企业应当建立食品出厂检验记录制度，查验出厂食品的检验合格证和安全状况，如实记录食品的名称、规格、数量、生产日期或者生产批号、保质期、检验合格证号、销售日期以及购货者名称、地址、联系方式等内容，并保存相关凭证。记录和凭证保存期限应当符合本法第五十条第二款的规定。

第五十二条 食品、食品添加剂、食品相关产品的生产者，应当按照食品安全标准对所生产的食品、食品添加剂、食品相关产品进行检验，检验合格后方可出厂或者销售。

第八十九条 食品生产企业可以自行对所生产的食品进行检验，也可以委托符合本法规定的食品检验机构进行检验。

根据以上《食品安全法》的规定，为了便于产品追溯，产品的检验信息要进行全面采集，包括：

（1）产品的来源信息 即该批检验产品的详细来源，如该批检验产品在哪里生产、哪个批次等。检验人员应对产品出厂进行监督检查，做好产品检验工作。为了便于质量安全追溯，企业应对产品进行出厂检验，如果企业实验室具备独立检测的能力，可以自行检测；如果不具备独立检测能力，可以全部委托有资质的质检机构进行出厂检验，出厂检验报告上应记录产品的来源信息，方便企业自己管理。而追溯码为农产品终端销售时承载追溯信息直接面对消费者的专用代码，是展现给消费者具有追溯功能的统一代码，追溯码是为了管理者和消费者对产品进行追溯而设置的。

（2）产品的检测日期 如该批产品的出厂检测日期和型式检验日期是哪天。

（3）检测记录 企业实验室的检测人员管理档案、人员培训、上岗记录，仪器检定维护记录等；

（4）检验结果的相关信息 如原始记录、检验报告等。

【实际操作】

1. 产品来源

产品的来源信息体现在检验登记台账和抽样单上，检验登记台账包括样品编号、产品名称、抽样基数、样品数量、生产日期/批次、抽样时间、抽样地点、记录人等；检验登记台账示例见表 2-68；型式检验产品抽样单除检验登记台账外，还应有执行标准、追溯编码、受检单位、抽样方法、受检单位（人）签字盖章和抽样人（2 人）签名等信息；型式检验产品抽样单示例见表 2-69。

表 2-68　检验登记台账示例

样品编号	产品名称	抽样基数	样品数量	生产日期/批次	抽样时间	抽样地点	记录人

表 2-69　型式检验产品抽样单示例

单位全称			
通信地址			
追溯编码		电话号码	
产品名称		型号规格	
抽样地点		注册商标	
样品数量		检验类别	
抽样基数		产品等级	
执行标准		样品状态	
生产日期		到样日期	
抽样方法：		交送质检部门方式：	
受检单位经手人（签字） 年　月　日		受检单位法人（签字） 年　月　日 （公章）	
抽样单位经手人（签字） 年　月　日		抽样单位法人（签字） 年　月　日 （公章）	

2. 检测机构

（1）**实验室设施环境** 实验室使用面积适宜，布局合理、顺畅，无交叉污染，水电气齐备，温湿度与光线满足检测要求，通风要求良好，台面、地面清洁干净，实验室无噪声、粉尘等影响，安全设施齐全。

（2）**人员管理**

①任职资格。实验室所有检测人员应具备产品检验检测相关知识，并经化验员职业技能技术培训、考核合格取得化验员资质。

②检测能力。检测人员要掌握分析所必需的各种实验操作技能，掌握仪器设备的维护、保养基本知识，具备独立检测能力。

③人员培训。定期对人员培训，做好相应的记录，并建立人员档案，一人一档。人员培训登记表示例见表 2-70。

表 2-70 人员培训登记表示例

文件通知			
培训人员		培训时间	
培训地点		培训内容	
学习心得			

（3）**检测设备** 强制实验室检测仪器应定期进行检定或校准，并制订相应的检定或校准计划，保存相关记录，仪器设备应粘贴有效标识。仪器设备应授权给专人使用，并按照使用说明进行操作，定期维护，填写并保存详细的使用、维护、维修记录（表）。仪器维修记录示例见表 2-71，仪器设备使用与维护记录示例见表 2-72。

表 2-71　仪器维修记录示例

名称		型号		编号	
使用人		故障发生时间			
故障情况：					
故障排除情况：					
备注：					

表 2-72　仪器设备使用与维护记录示例

仪器名称		型　号		编　号			
使用日期	样品编号	检测参数	使用起止时间	仪器使用情况	环境温度（℃）	使用日期	样品编号

①检查检测设备。检测设备的品种、量程、精度、性能和数量应满足原辅材料、中间产品和最终产品交收检验参数方法标准和工作量的要求，配备的检测设备与标准要求需要相适应。

②计量器具检定有效。

（a）纳入《中华人民共和国强制检定的工作计量器具明细目录》和《中华人民共和国依法管理的计量器具目录》的工作计量器具，应经有资质的计量检定机构计量检定合格，获得合格检定证书。检定证书示例见表 2-73。

（b）没有计量检定规程而不能计量检定的工作计量器具，可以按 JJF 1071—2010《国家计量校准规范编写规则》要求编制自校规程进行自校，也可以委托计量检定资质机构校准。

③检定和检定周期。可参考 GB/T 27404—2008《实验室质量控制规范　食品理化检测》"附录 B　食品理化检测实验室常用仪器设备及计量周期"的规定。

表2-73 检定证书示例

×××质量技术监督检验检测中心	证书编号 ×××
通信地址：×××　　　邮编：××× 电话（Tel）：××× 检 定 证 书 VERIFICATION　CERTIFICATE 证书编号 Certificate No. ＿＿＿＿＿××× 送检单位 Applicant ＿＿＿＿＿××× 计量器具名称 Name of Instrument ＿＿＿电子天平 型号/规格 Type/Specification ＿＿＿EP211D 制造厂 Manufacturer ＿＿＿＿××× 出厂编号 Serial No. ＿＿＿××× 检定结论 Verification Conclusion 符合JJG 1036—2008规程，准予作级Ⅰ使用 　　　　　　　批准人＿＿＿＿ 检定日期×××　　核验员＿＿＿＿ 有效期至×××　　检定员＿＿＿＿	检定技术依据名称及代号：《电子天平检定规程》JJG 1036—2008 Reference of Verification 检定使用的计量标准器具： Standard of Measurement Used in this Verification 名称：　　　　　　　　E2级砝码 Name 型号：　　　　　　　　－－－－－ Type 测量范围：　　　　　　1mg～600g Measuring Range 不确定度/准确度等级/最大允许误差：E2级 Uncertainty/Accuracy Class/MPE 环境条件：　符合JJG 1036—2008规程要求 Environmental Conditions 标准器证书有效期限　××年××月××日 Valid Date of the Standard Certificate

检定环境条件：温度18℃；湿度：40%RH

检定结果

检定结果：
d＝0.01mg；Max＝210g

检定项目		检定结果	最大允许误差
天平偏载误差		0.000 4g	±1.0e
天平重复性		0.000 6g	1.0e
天平示值误差	0≤m≤50g	0.000 5g	±5.0e
	50≤m≤200g	0.000 7g	±1.0
	200≤m≤210g	0.000 8g	±1.5e

本证书只对此被检样品有效，未经许可不得部分复印。

计量检定机构授权证书号：（黑）法计（××）××

3. 检测时间和检验结果

检测结果由检验报告体现，检验报告包括检验报告编号（同样品编号）、追溯码、产品名称、受检单位等。

检测原始记录是编制检验报告的依据，是查询、审查、审核检测工作质量、处理检测质量抱怨和争议的重要凭据。因此，检测原始记录内容应包括影响检测结果的全部信息，通常应包括以下要求：检测项目名称和编号、方法依据、试样状态、开始检测日期、环境条件和检测地点、仪器设备及编号、仪器分析条件、标准溶液编号、检测中发生的数据记录、计算公式、精密度信息、备注、检测、校核、审核人员签名等信息。

检验人员应对产品出厂进行监督检查，重点做好产品出厂检验工作。

（1）出厂检验（交收检验）项目、方法要求　对正式生产的产品在出厂时必须进行的最终检验，用以评定已通过型式检验的产品在出厂时是否具有型式检验中确认的质量，是否达到良好的质量特性的要求。

产品标准中规定出厂检验（交收检验）项目和方法标准的，按产品标准的规定执行。

部分产品标准中仅规定了技术要求和参数的方法标准，没有规定产品出厂检验（交收检验）项目的，可以按国家质量监督检验检疫总局的《食品生产许可证审查细则》（QS审查细则）规定的产品出厂检验（交收检验）项目和方法标准执行。

在不违反我国法律法规、政府文件和我国现行有效标准的前提下，产品出厂检验（交收检验）按贸易双方合同中约定的产品的质量安全技术要求、检验方法、判定规则的要求执行。完成出厂检验（交收检验）后，应规范地填写出厂检验报告。出厂检验报告示例见表2-74。

表 2-74　出厂检验报告示例

样品名称			样品编号	
样品来源			代表数量	
序号	项目	技术要求	检验结果	单项判定
1	—			
2	—			
3	—			
...	...			
检验结论			所检项目符合××《×××》标准规定的要求，判该批产品××	
备注：追溯码				

检验人：　　　　　　　　　　　　　　　　　　责任人
年　月　日　　　　　　　　　　　　　　　　　年　月　日

产品在生产过程和入库后，应当按照产品标准要求检测产品的规定参数（企业可以根据本单位实际情况增加项目）。

（2）型式检验项目、方法要求　型式检验是依据产品标准，对产品各项指标进行的全面检验，以评定产品质量是否全面符合标准。

①在有下列情况之一时进行型式检验：

（a）新产品或者产品转厂生产的试制定型鉴定。

（b）正式生产后，如结构、材料、工艺有较大改变，可能影响产品性能时。

（c）长期停产后，如结构、材料、工艺有较大改变，可能影响产品性能时。

（d）长期停产后恢复生产时。

（e）正常生产，按周期进行型式检验。

（f）出厂检验（交收检验）结果与上次型式检验有较大差异时。

（g）国家质量监督机构提出进行型式检验要求时。

（h）用户提出进行型式检验的要求时。

②型式检验的检验项目、检验方法标准、检验规则均按产品标准规定执行。按需要还可增测产品生产过程中实际使用，而产品标准中没有要求的某一种或多种农药、兽药、食品添加剂等安全指标参数。

③根据企业实验室技术水平和检测能力，可以由企业实验室独立承担、或部分自己承担和部分委托、也可全部委托有资质的质检机构承担形式检验。

④农产品型式检验的检验频次应保持在每年1次。

⑤产品检测原始记录：试样名称、样品唯一性编号、追溯码、检验依据、检验项目名称、检验方法标准、仪器设备名称、仪器设备型号、仪器设备唯一性编号、检测环境条件（温湿度）、两个平行检测过程及结果导出的可溯源的检测数据信息（包含称样量、计量单位、标准曲线、计算公式、误差、检出限等）、检测人员、检测日期、审核人、审核日期。

⑥产品检验报告：检验报告编号（同样品编号）、追溯码、产品名称、受检单位（人）、生产单位、检验类别、商标、型号规格、样品等级、抽样基数、样品数量、生产日期、样品状态、抽样日期、抽样地点、检验依据、检验项目、计量单位、标准要求、检测结果、单项结论、检测依据、检验结论、批准人、审核人、制表人、签发日期。型式检验报告示例见表2-75。

表2-75　型式检验报告示例

***监督检验测试中心（**）

检　验　报　告

No：　　　　　　　　　　　　　　　　　　　　　　共2页第1页

产品名称		型号规格	
抽检单位		商　标	

（续）

产品名称		型号规格	
受检单位		检验类别	
		样品等级	
生产单位		样品状态	
抽样地点		抽样日期 到样日期	
样品数量		抽样者 送样者	
抽样基数		原编号或 生产日期	
检验依据		检验项目	见报告第2页
所 用 主要仪器		实 验 环境条件	
检验结论	（检验检测专用章） 签发日期： 年 月 日		
备注	追溯码：		

批准： 审核： 制表：

***监督检验测试中心（**）
检测结果报告书

No： 共2页第2页

序号	检验项目	单位	标准要求	检测结果	单项结论	检测依据
1						
2						
3						
4						
5						
6						
7						
8						
注：						

第六节　信息管理

一、信息存储

【内容解读】

7.1　信息存储

企业（组织或机构）应建立信息管理制度。对纸质记录应及时归档，电子记录应每2周备份一次，所有信息档案应至少保存2年以上。

【内容解读】

信息管理制度所称信息是指在农产品质量安全追溯系统建设和运行过程中形成的与农产品质量安全追溯相关的信息。农业生产经营主体在农产品质量安全追溯过程中应建立统一规范、分级负责、授权共享、运行安全的信息管理制度。

农产品质量安全追溯系统记录信息主要分种植信息和加工信息两部分，信息的记录方式主要分为纸质记录和电子记录。各信息采集点采集人员应根据追溯产品的各个环节做好纸质记录并及时归档；纸质记录确认正确后由信息记录员录入质量安全追溯系统平台形成电子记录。电子记录在每次录入完成后应每2周备份一次数据，纸质记录档案应防火、防潮、防盗。电子信息记录应定期进行整盘备份。所有信息档案均应由专门部门、专人负责保存2年以上。

信息管理制度的建立应包含以下部分：

1. 总述

（1）农业生产经营主体为加强自身产品质量安全追溯信息系统管理及设备使用、维护，保障质量安全追溯工作顺利实施，制定农业生产经营主体的信息管理制度。

（2）农业生产经营主体信息管理制度旨在根据农业生产经营主体的产品质量安全追溯信息系统运行特点，结合生产管理现状、机构设置情况和设备分配情况，明确岗位责任，细化岗位分工，规范操作行为，确保系统设备正常维护、运行，保障追溯信息系统顺畅运行。

（3）农业生产经营主体信息管理制度的建立，应遵循注重实际、突出实效、强化责任、协调配合的原则。

（4）农业生产经营主体信息管理制度适用于承担该产品质量安全追溯信息系统运行任务的部门和人员。

2. 岗位职责

农业生产经营主体质量安全追溯信息系统操作流程中，各环节由专门机构负责生产和信息管理。以种植业为例：

（1）种植 由管理区负责进行技术指导、信息采集，通过统一生产管理模式，采取统一供应芽种、统一购置肥料、农药等投入品，统一标准作业等措施，完成产品的生产过程。信息采集由管理区信息采集员具体负责，纸质档案记录到户或种植户组，信息采集后及时通过网络传送到追溯信息系统平台。

（2）原粮收购与检测 由加工企业合理制订原粮收购计划，并根据计划指派专人按追溯精度实行单收，由实验室负责对原粮质量进行检测，检验合格的原粮按追溯精度分区储藏，仓储位置要与非追溯原粮加以隔离，并设置显著的识别标志，收购、检测及仓储过程中的信息及时记录并上传。

（3）产品加工 加工企业按照追溯精度组织分批加工、包装，追溯产品的加工与非追溯产品的加工要具有一定的时间间隔，产品加工前后及时将加工信息进行采集，并通过网络上传质量安全追溯信息系统。

（4）成品入（出）库 加工企业按照生产班次接收成品，进行质量检验并按生产批次、产品类别等分开存放，并设立标识便于区分。

（5）成品检测 成品检测由实验室负责，检测项目及方法按照国家相应标准执行，产品检验后填写产品出厂检验报告，并将检验结果上传。

（6）销售 加工企业通过各地分销商、零售商实现有计划的产品销售。

3. 设备使用及维护职责

本制度所涉及的质量安全追溯设备包括网络设备、UPS、各部门及采集点所分配的计算机、打印机、U盘、加工农业生产经营主体分配的标签打印机等。应进行正确、安全的使用及日常的维护工作。

4. 日常运行

（1）原始档案记录 原始档案记录是追溯信息的源头，信息采集人员是此项工作的责任人，主管领导对档案记录的真实性负有领导责任。信息记录人员要严格按照企业下发的信息记录表所列项目填写，保证信息完整、准确。

农业生产经营主体应设立专门机构或人员负责对追溯项目实施过程中设备分配情况、项目运行情况、日常监管情况、信息上报情况等进行记录。

（2）信息中心 农业生产经营主体信息中心负责质量安全追溯信息管理、审核、上报，拥有对追溯信息的最高管理权限。

信息中心对各采集点的数据及纸质记录进行抽查核对，发现问题退回信息采集点核实修改后进行上报，上报数据经信息中心核查无误后，上传至质量安全追溯系统平台，同时对上报数据进行备份。传输追溯信息的时间不得晚于追溯产品的上市时间。

（3）信息系统应急 当出现因错误操作或其他原因造成运行错误、系统故障时，要立即停止工作，并上报故障情况。当天无法排除故障时，要保存好纸质信息记录，待系统恢复后及时将信息录入平台。

喷码机、标签打印机等专用设备出现故障无法正常使用时的处理，相关负责人要及时上报，企业质量安全追溯相关部门根据故障发生情况作出响应，下发备用设备并及时联系技术人员对故障机器进行维修，最大限度减少运行影响。

5. 运行监管

信息中心、管理区、加工企业作为协管部门应积极配合追溯监管工作，各单位的主任、经理是监管责任人。其监管职责是：

（1）信息中心负责追溯信息的日常管理，包括数据的采集、上报、审核、整理、上传等。

（2）管理区主任负责种植档案填写、系统信息采集、上报的监管。

（3）加工企业经理负责产品加工计划、加工档案填写、信息的采集、上报的监管。同时，要对标识载体的使用进行监督。

6. 系统维护

（1）设备的购置、领用及盘查 设备由农业生产经营主体信息中心统一组织采购，并按需求发放到各采集点，购置的设备应建立设备台账，在发放中确定设备使用主体及设备负责人，经签字确认后领取。设备负责人作为关键设备的直接责任人，负责对设备进行日常使用及维护，保障设备及数据安全，禁止非操作人员使用及挪作他用。信息中心定期对设备的使用情况进行盘查，发现挪用、损坏现象追究相关人员责任。

（2）设备使用 计算机操作维护规范：每台计算机在使用时要保持清洁、安全、良好的工作环境，禁止在计算机应用环境中放置易燃、易爆、强腐蚀、强磁性等有害计算机设备安全的物品。做好计算机的防尘工作，经常对计算机所在的环境进行清理。做好计算机防雷安全工作；打雷闪电时，应暂时关闭计算机系统及周边设备，并断开电源，防止出现雷击现象。每台计算机要指定专人负责，做到专机专用。严禁挪做其他用途。每台计算机要设置管理员登录密码，防止非法用户擅自进入系统，篡改信息。不得私自拆解设备或更换、移除计算机配件；及时按正确方法清洁和保养计算机上的污垢，保证计算机正常使用及运行，操作人员有事离开时，要先退出应用软件或将桌面锁定。每台计算机均要安装有效的病毒防范和清除软件，并做到及时升级。信息录入时，要注意经常备份数据，备份除在计算机中保存外，要利用 U 盘、移动硬盘等媒介重复备份。

（3）专用设备操作维护　本制度所称的专用设备包括条码打印机、喷码机等。

追溯专用设备使用前，操作者均应详细阅读使用说明书，并严格遵从所有规范的操作方法。关键设备需要先进行技术培训后方可使用，未进行培训的人员不得擅自使用追溯设备。所有设备的说明书要进行统一保管，不得遗失，所有设备要登记造册，不得更换、遗失设备。

7. 人员培训

为保证质量安全追溯工作顺利实施，应对相关人员进行培训。

（1）制度培训　对项目涉及的所有人员进行上岗前追溯制度及工作流程技术培训，在质量安全追溯制度修改后，要增加培训对新政策进行解读。

（2）技术培训　每年农业生产开始前由农业生产经营主体相关部门对质量安全追溯涉及的生产人员、技术管理人员进行技术培训，掌握高标准的技能知识。

（3）定岗培训　当责任部门、追溯岗位技术人员因职务变动、岗位调换等原因发生变化时，要分别对新增人员进行管理制度和系统操作技术的培训，保证其能够尽快熟知工作制度，掌握系统技术操作技能。

【实际操作】

1. 纸质信息的存储要求

（1）各信息采集点采集人员根据追溯产品的生产环节做好纸质档案记录，尤其是在投入品的种类及使用信息、生产工艺中的产品收购、储藏、加工条件等记录。

（2）要求各采集点的原始档案记录要及时、真实、完整、规范，记录后认真核查，确认无误后由信息记录员录入质量安全追溯系统平台。

（3）加工环节要做到动态汇总整理，做好入库和出库及加工的详细记录，并及时汇总上传。

（4）所有纸质原始记录在种植阶段或加工阶段结束后，由信息采集员进行整理，统一上交进行归档保管。

（5）原始记录应及时归档，装订成册，每册有目录，查找方便；原始档案有固定场所保存，要有防止档案损坏、遗失的措施。

2. 电子信息储存工作要求

各采集点的追溯信息应在每次录入完毕后进行备份。电子记录备份到计算机的非系统盘和可移动存储盘上。生产周期内，要保证应每2周将采集数据备份一次。农业生产经营主体信息中心要保证有新数据上传时的备份，并交由专人保管，做好记录。用于储存电子信息的计算机和可移动硬盘应专用不可他用，做好电子病毒防护工作并定期进行杀毒管理。可移动硬盘存储设备应归档保管由专人负责，防止损坏。计算机追溯信息至少要保留2年以上。

二、信息传输

【标准原文】

7.2　信息传输

各环节操作结束时，应及时通过网络、纸质记录等以代码形式传递给下一环节，企业编辑后将质量安全追溯信息传输到指定机构。

【内容解读】

农业生产经营主体农产品追溯环节主要分为种植环节和加工环节，主要有种植单元、育秧施肥、育秧施药、大田施肥、大田施药、田间作业等具体内容。建立畅通的通信网络，确保各信息采集点信息传递渠道畅通。各个环节操作时，应及时采集各个环节的相关信息，并做好相关纸质记录和电子记录。各个环节的信息记录应编写唯一性环节信息代码，以便传递给下一环节。

【实际操作】

加工企业与农业生产经营主体实行　对　单线承传关系。将采集的信息数据以代码形式传递给下一环节，应准确无误，每个传递环节之间应进行核实。信息采集后，要在第一时间通过网络或者可移动设备等将数据信息及时上报到信息中心。信息中心对上报的各个环节信息进行核实并编辑汇总，无误后将信息传输到质量安全追溯系统平台。

信息传输关系示意见图2-20。

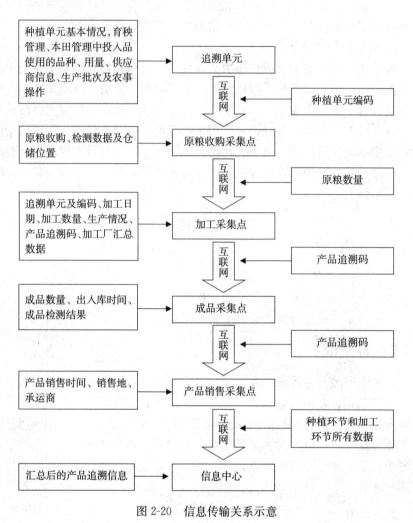

图 2-20　信息传输关系示意

三、信息查询

【标准原文】

7.3　信息查询

应建立以互联网为核心的追溯信息发布查询系统，信息分级发布。鼓励企业（组织或机构）建立质量安全追溯的短信、语音和网络查询终端。内容至少包括种植者、产品、产地、加工企业、批次、质量检验结果、产品标准。

【内容解读】

生产经营主体采集的信息应覆盖种植、加工等全过程，满足追溯精度和深度的要求。当消费者对质量安全追溯产品进行查询时，应具备多种渠道，如短信、语音和网络查询等形式。其查询内容应突出个性化（查询信息应能图文并茂）。查询内容至少包括种植者、产品、产地、加工企业、批次、质量检验结果、产品标准等具体内容。

【实际操作】

企业应制定信息查询系统，定制追溯产品追溯流程，确定每个环节信息采集内容和格式要求，汇总各信息采集点上报的数据，形成完整追溯链，并通过网络向数据中心上传数据。调试标签打印机、喷码机等专用设备，定制短信查询、语音查询、网络查询、条形码查询和二维码查询等内容，规范采集点编号，建立操作人员权限，形成符合企业实际的追溯系统，实现上市农产品可查询、可监管。

产品追溯标签是消费者查询的主要方式，企业应将追溯标签使用粘贴的方式或其他合理方式置于产品最明显的位置，方便消费者在购买时进行查询使用。

消费者通过查询农产品质量安全追溯标签上的短信息、语音、网络、条码、二维码等查询渠道应可以查询到种植者、产品、产地、加工企业、批次、质量检验结果、产品标准等主要信息。企业应做到生产有记录、流向可追踪、信息可查询、质量可追溯、责任可界定。

信息传输关系示意见图2-21。

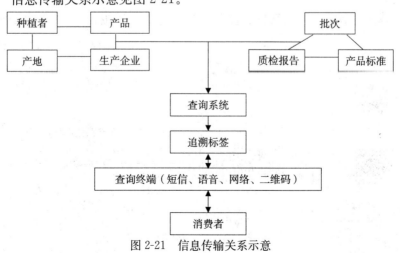

图 2-21 信息传输关系示意

第七节　追溯标识

【标准原文】

8　追溯标识

按 NY/T 1761 的规定执行。

【内容解读】

NY/T 1761《农产品质量安全追溯操作规程　通则》的规定内容如下：

（1）可追溯农产品应有追溯标识　内容应包括追溯码、信息查询方式、追溯标志。

（2）追溯标识载体根据包装特点采用不干胶纸制标签、锁扣标签、捆扎带标签、喷印等形式，标签位置显见，固着牢靠，标签规格大小由农业生产经营主体自行决定。

【实际操作】

1. 追溯标识的设计及内容

追溯标识要求图案美观，文字简练、清晰，内容全面、准确。追溯标识包括以下 4 个内容：

（1）追溯标志　图形已作规定，大小可依追溯标签大小而变。

（2）说明文字　表明农产品质量安全追溯等内容。

（3）信息查询渠道　语音渠道、短信渠道、条形码渠道、二维码渠道。

（4）追溯码　由条形码和代码两部分组成。追溯标识示例见图 2-22。

图 2-22　追溯标识示例

目前，二维码广泛用于各种商标和商品识别中，主要有 QR 码、Maxi 码、PDF417 码、Aztcc 码等。农产品质量安全追溯标识中现使用 QR 码。QR 码具有超高可靠性、防伪性和可表示多种文字图像信息等特点，在我国被广泛应用，也可以应用于追溯标签使用中。

2. 追溯标签的粘贴及形式

追溯标签的粘贴要求如下：

（1）粘贴位置应美观、整齐、统一，位于直面消费者包装的显著位置。

（2）粘贴牢固，难以脱落、磨损。依据产品及其包装材质，农业生产经营主体自主决定用不干胶纸制标签、锁扣标签、捆扎带标签、喷印等形式。喷码打印或激光打码清晰、位置合理，且产品包装应体现查询方式。

（3）标签使用的规格大小由农业生产经营主体自行决定，其应与追溯产品包装规格匹配，大小适合自身产品即可。

3. 追溯标识载体的使用

（1）追溯标识载体出入库时，要认真清点做到数量、规格准确无误。

（2）追溯标识载体仅使用于追溯产品，其他产品严禁使用。追溯产品使用追溯标识载体时，必须按照要求在指定位置粘贴追溯标签或者喷制产品追溯码。

第八节　体系运行自查

【标准原文】

9　体系运行自查

按 NY/T 1761 的规定执行。

【内容解读】

NY/T 1761 规定，农业生产经营主体应建立追溯体系的自查制度，定期对农产品质量安全追溯体系的实施计划及运行情况进行自查。检查结果应形成记录，必要时提出追溯体系的改进意见。

1. 概述

自查制度是为检查农业生产经营主体各项农产品质量安全追溯活动是否符合体系要求，对其所建立的农产品质量安全追溯体系运行的适宜性、有效性的验证活动。是为评价是否达到农产品质量安全追溯体系建设预期目标而进行的有计划的、独立的检查活动。通过自查，能自我发现问题、

分析原因、采取措施解决问题，以实现农产品质量安全追溯体系的持续改进。

2. 目的

（1）确定受审核部门的农产品质量安全追溯体系建设对规定要求的符合性。

（2）确定所实施的农产品质量安全追溯体系满足规定目标的有效性。

（3）通过自查了解农业生产经营主体农产品质量安全追溯体系的活动情况与结果。

3. 依据

农产品质量安全追溯体系文件对体系的建立、实施提供具体运作的指导，是自查依据的主要准则。

4. 原则

农产品质量安全追溯体系的实施计划及运行情况自查应遵从实事求是、客观公正、科学严谨的原则。

（1）客观性　客观证据应是事实描述，并可验证，不含有任何个人的推理或猜想。事实描述包括被询问的负有责任的人员的表述、相关的文件和记录等存在的客观的事实。

对收集到的客观证据进行评价，并最终形成文件。文件内容包括自查报告、巡检员检查表、不符合项报告表、首末次会议签到等。通过文件形式以确保自查的客观性。

（2）系统性　自查分为材料审查和现场查看两种形式。

材料审查重点是检查农产品质量安全追溯体系文件的符合性、适宜性、可操作性；如根据自查小组成员的分工，对照农产品质量安全追溯体系运行自查情况表中所规定的各项检查内容逐项进行，同时做好存在问题的记录。

现场查看重点是检查农产品质量安全追溯体系文件执行过程的符合性、达标性、有效性、执行效率；如察看农产品质量安全追溯产品生产的各个环节、质量安全控制点和相关原始记录情况，察看硬件网络和质量安全追溯设备配置建设情况、系统运行应用情况，检查系统管理员及信息采集员的操作应用情况、信息采集情况以及软件操作熟练程度，从农产品质量安全追溯系统中随机抽取若干个批次的追溯码进行可追溯性验证，查询各环节信息的采集和记录情况，将纸质档案与系统内信息进行对照检查，检查是否符合要求。

符合性是指农产品质量安全追溯活动及有关结果是否符合体系文件要求；有效性是指农产品质量安全追溯体系文件是否被有效实施；达标

性是指农产品质量安全追溯体系文件实施的结果是否达到预期的目标。

5. 人员配置及职责

根据农产品质量安全追溯体系自查工作需要，自查小组成员一般由农业生产经营主体中生产技术部、品质管理部、企业管理部、信息技术部等人员组成。自查小组成员根据自身专业特长和工作特点赋予其不同的职责。当农业生产经营主体规模较大、部门设置比较完善的情况下，可以由以下部门人员组成自查小组；当农业生产经营主体规模较小、部门设置不全的情况下，可以一人兼顾多人的工作职责组成自查小组。

（1）企业管理部人员 主要由从事项目管理、了解农产品质量安全追溯体系建设基本要求和工作特点的人员组成。主要承担农产品质量安全追溯体系的制度建立、规划制订等方面的工作。

（2）生产技术部人员 主要由从事农业生产、在某一特定的区域对某种产品的生产、加工、储运等方面具有一定知识的生产技术人员组成。主要承担农产品质量安全追溯体系的生产档案建立、信息采集点设置等方面的工作。

（3）品质管理部人员 主要由了解农产品质量安全标准、从事农产品检测等方面的人员组成。主要承担农产品质量安全追溯产品质量监控、产品检测、人员培训等方面的工作。

（4）信息技术部人员 主要由了解农产品质量安全追溯体系构成及应用、能够熟练处理追溯系统软、硬件问题的人员组成。主要承担农产品质量安全追溯体系应用等方面的工作。

6. 频次

（1）常规自查 按年度计划进行。由于农产品生产的特殊性，应每一生产周期至少自查一次。

（2）当出现下列情况时，农业生产经营主体应增加自查频次：

①出现质量安全事故或客户对某一环节连续投诉。

②内部监督连续发现质量安全问题。

③农业生产经营主体组织结构、人员、技术、设施发生较大变化。

【实际操作】

农产品质量安全追溯体系内部自查审核一般分为5个阶段：自查的策划与准备、自查的实施、编写自查报告、跟踪审核验证、自查的总结。农产品质量安全追溯体系自查流程图示例见图2-23。

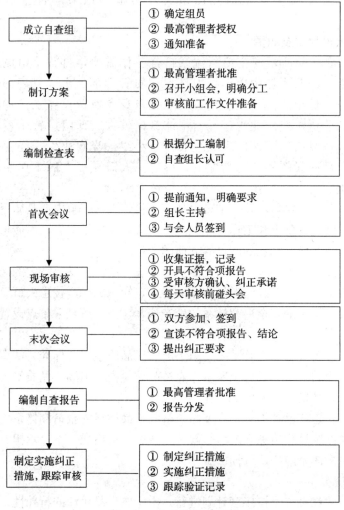

图 2-23　自查流程图示例

1. 自查的策划与准备

　　企业组织有关人员策划并编制年度自查计划。年度自查计划可以按受审核部门进行开展。自查计划示例见表 2-76。

表 2-76　自查计划示例

条款/受审核部门		审核月份											
		一月	二月	三月	四月	五月	六月	七月	八月	九月	十月	十一月	十二月
1	种植基地												
2	生产车间												

（续）

条款/受审核部门		审核月份											
		一月	二月	三月	四月	五月	六月	七月	八月	九月	十月	十一月	十二月
3	品质管理部												
4	销售部												
5	信息部												
6	企业管理部												
7	生产技术部												

　　由企业最高管理人授权成立自查小组，由自查组长编写自查实施计划。自查实施计划示例见表 2-77。内容包括自查的目的、性质、依据、范围、审核组人员、日程安排。准备自查工作文件，工作文件主要是指自查不符合项报告表示例见表 2-78、自查报告示例见表 2-79、农产品质量安全追溯体系运行自查情况表示例见表 2-80。

表 2-77　自查实施计划示例

自查日期：				
自查目的：				
自查性质：				
自查依据：				
自查范围：				
自查组 组长： 副组长： 组员：				
日程安排				
日期	时间	受审核部门	条款/内容	自查员

137

物产品质量追溯实用技术手册
GUWUCHANPINZHILIANGZHUISUSHIYONGJISHUSHOUCE

表 2-78　自查不符合项报告表示例

受审核部门		部门负责人	
自　查　员		审核日期	

不符合事实描述：

　　不符合：工作规范□　应急预案□　质量控制□　信息运行□　其他文件□
　　不符合文件名称（编号）及条款：

　　不符合类型：体系性□　实施性□　效果性□
　　要求纠正时限：一周□　二周□　　三周□　约定时间□
　　自查员：　　　　　　　　　　　　　　　　　　　部门负责人：
　　日期：　　年　月　日　　　　　　　　　　　　　日期：　　年　月　日

不符合原因分析及拟定纠正措施：

　　　　　　　　　　当　事　人：　　日期：　年　月　日
　　　　　　　　　　自　查　员：　　日期：　年　月　日
　　　　　　　　　　部门负责人：　　日期：　年　月　日

纠正措施完成情况：

　　　　　　　　　　部门负责人：　　　　年　月　日

纠正措施的验证：

　　　　　　　　　　自　查　员：　　　　年　月　日
　　　　　　　　　　部门负责人：　　　　年　月　日

自查组长：　　　　　　　　　　　　　　　　　　　　　　　　　　年　月　日

表 2-79　自查报告示例

自查性质		自查日期	
自查组员：			
自查目的：			
自查范围：			
自查依据：			

（续）

自查性质		自查日期	
自查过程综述：			

自查组长：　　　　　　　　　　　批准：

日期：　　　　　　　　　　　　　日期：

表 2-80　农产品质量安全追溯体系运行自查情况表示例

条款	检查内容	检查要点	不符合事实描述	整改落实情况
1	建立工作机构，相关工作人员职责明确	见第 2 章机构和人员部分要求		
2	制订完善、可操作的追溯工作实施方案，并按照实施方案开展工作	见第 2 章机构和人员部分要求		
3	制定完善的产品质量安全追溯工作制度和追溯信息系统运行制度	见第 2 章管理制度部分要求		
4	产品质量安全事件应急预案等相关制度按要求修改完善并落实到位	见第 2 章管理制度部分要求		
5	各信息采集点信息采集设备配置合理	见第 1 章实施要求部分要求		
6	配置适合生产实际的标签打印、条码识别等专用设备	见第 1 章实施要求部分要求		
7	追溯精度与追溯深度设置是否符合生产实际	见第 1 章实施要求部分要求 见第 2 章术语和定义部分要求		
8	采集的信息覆盖生产、加工等全过程的关键环节，满足追溯精度和深度的要求。具有保障电子信息安全的软硬件措施。系统运行正常，具备全程可追溯性	见第 1 章实施原则部分要求 见第 2 章信息采集部分要求		
9	规范使用和管理追溯标签、标识。信息采集点设置合理，生产档案记录表格设计合理。生产档案记录真实、全面、规范，记录信息可追溯。具有相应的条件保障企业内部生产档案安全	见第 2 章信息采集部分要求 见第 2 章追溯标识部分要求		
10	具有质量控制方案，并得以实施	见第 2 章管理制度部分要求	·	

（续）

条款	检查内容	检查要点	不符合事实描述	整改落实情况
11	具有必要的产品检验设备，计量器具检定有效，产品有出厂检验和型式检验报告	见第2章产品检验部分要求		

2. 自查的实施

自查的实施按照首次会议、现场审核、碰头会、开具不符合项报告及召开末次会议的程序进行。自查首末次会议签到表示例见表 2-81。

表 2-81　自查首末次会议签到表示例

会议名称	首次会议□　　　末次会议□		
会议日期		会议地点	
参加会议人员名单			
签　名		职　务	

自查实施以首次会议开始，根据农产品质量安全追溯体系文件、自查表和计划的安排，自查员进入现场检查、核实。在现场审核时，自查员通过与受审核部门负责人及有关人员交谈、查阅文件和记录、现场检查与核对、调查验证、数据的汇总分析等方法，详细记录并填写农产品质量安全追溯体系运行自查情况表。经过整理分析和判断等综合分析后，并经受审核方确认后开具不合格项报告，得出审核结论，并以末次会议结束现场审核。末次会议上，由自查小组组长宣读自查不符合项报告表，作出审核评价和结论，提出建议的纠正措施要求。

（1）首次会议需要自查小组全体成员和受审核部门主要领导共同参加。会议应向受审核部门明确自查的目的意义、作用、方法、内容、原则和注意事项。宣布自查日程时间表、宣布自查小组成员的分工、自查过程、内容和现场察看地点等。

（2）现场审核在整个自查过程中占据着重要的地位。自查工作的大部分时间是用于现场审核，最后的自查报告也是依据现场审核的结果形成的。

现场审核记录的要求：应清楚、全面、易懂；应准确、具体，如文件名称、记录编号等。

（3）不符合项报告中的不符合项可能是文件的不符合项、人员的不符合项、环境的不符合项、设备的不符合项、溯源的不符合项等。主要可以分为三类：

①体系性不符合。体系性不符合是农产品质量安全追溯体系文件的制订与要求不符或体系文件的缺失。例如，未制订产品质量控制方案。

②实施性不符合。实施性不符合是指农产品质量安全追溯体系文件制订符合要求且符合生产实际，但员工未按体系文件的要求执行。例如，规定原始记录应在工作中予以记录，但实际上都是进行补记或追记。

③效果性不符合。效果性不符合是指农产品质量安全追溯体系文件制订符合要求且符合生产实际，员工也按体系文件的要求执行，但实施不够认真。例如，原始记录出现漏记、错记等。

不符合项报告的注意事项。不符合事实陈述应力求具体；所有不符合项均应得到受审核部门的确认；开具不符合项报告时，应考虑其应采取的纠正措施以及如何跟踪验证，是否找到出现不符合的根本原因。

（4）末次会议需要自查小组全体成员和受审核部门主要领导共同参加。会议宣读不符合项报告，并提交书面不符合项报告；提出后续工作要求（制定纠正措施、跟踪审核等）。

3. 编写自查报告

自查报告是自查小组结束现场审核后必须编制的一份文件。自查小组组长召集小组全体成员交流自查情况和汇总意见，讨论自查过程中发现的问题，对农业生产经营主体农产品质量安全追溯体系建设工作进行综合评价，研究确定自查结论，对存在的问题提出改进或整改要求。主要包括以下内容：自查主要内容、自查基本过程、可追溯性验证情况、自查的结论、对存在问题的限期改进或整改意见等。自查报告通常包括以下内容：审核性质、审核日期、自查组成员、自查目的、审核范围、审核依据、审核过程概述。

4. 跟踪审核验证

跟踪审核验证是自查工作的延伸，同时也是对受审核方采取的纠正措

施进行审核验证，对纠正结果进行判断和记录的一系列活动的总称。跟踪审核的目的：

（1）促使受审部门实施有效的纠正/预防措施，防止不符合项的再次发生。

（2）验证纠正/预防措施的有效性。

（3）确保消除审核中发现的不符合项。

自查组长应指定一名或几名自查员对不符合项的纠正、对纠正措施有效性进行跟踪验证并确认完成及合格后，做好跟踪验证记录，将验证记录等材料整理归档（纠正措施完成情况及纠正措施的验证情况可在不符合项报告表中一并体现）。

5. 自查的总结

年度自查全部完成后，应对本年度的自查工作进行全面评价。包括年计划是否合适、组织是否合理、自查人员是否适应自查工作等内容。

第九节　质量安全问题处置

【标准原文】

10　质量安全应急

按 NY/T 1761 的规定执行。

【内容解读】

NY/T 1761 规定，可追溯农产品出现质量安全问题时，农业生产经营主体应依据追溯系统界定产品涉及范围，查验相关记录，确定农产品质量问题发生的地点、时间、追溯单元和责任主体，并按相关规定采取相应措施。

1. 可追溯农产品

可追溯性即从供应链的终端（产品使用者）到始端（产品生产者或原料供应商）识别产品或产品成分来源的能力，即通过记录或标识追溯农产品的历史、位置等的能力。具有可追溯性的农产品即为可追溯农产品。

2. 质量安全问题

《中华人民共和国农产品质量安全法》（中华人民共和国主席令第四十九号）规定，农产品质量安全，是指农产品质量符合保障人的健康、安全的要求。农产品质量安全问题包括以下 5 个方面：

（1）含有国家禁止使用的农药、兽药或者其他化学物质的。

（2）农药、兽药等化学物质残留或者含有的重金属等有毒有害物质不符合农产品质量安全标准的。

（3）含有的致病性寄生虫、微生物或者生物毒素不符合农产品质量安全标准的。

（4）使用的保鲜剂、防腐剂、添加剂等材料不符合国家有关强制性的技术规范的。

（5）其他不符合农产品质量安全标准的。

3. 农产品质量安全问题来源分析

建立了追溯系统的农业生产经营主体，在农产品发生质量安全问题时，可以根据农产品具有的追溯编码，查询到该问题产品的生产全过程的信息记录，从而确定问题产品涉及范围，判断质量安全问题可能发生的环节，确定农产品质量安全问题发生的地点、时间、追溯单元和责任主体。

农产品出现质量安全问题，主要发生在以下 5 个环节：

（1）含有国家禁止使用的农药或者其他化学物质，主要发生在种植环节，生产者违规使用了国家禁止使用的农药或其他化学物质。

（2）农药等化学物质残留或者含有的重金属等有毒有害物质不符合农产品质量安全标准，主要发生在种植环节。一方面，生产者使用的农药没有达到药物安全间隔期即收获，导致药物残留不符合标准要求。另一方面，生产者没有按照国家标准规定（如农药的剂型、稀释倍数、施用量、施用方式等）正确使用药物，导致药物残留不符合标准要求。重金属含量超标，种植业主要由于产地环境不符合标准要求，如土壤或灌溉水中重金属含量超标，导致农作物在生长过程中吸收富集重金属，最终导致农产品中重金属含量不符合标准要求。

（3）含有的微生物或者生物毒素不符合农产品质量安全标准，主要发生在仓储、运输环节，由于环境、卫生条件不符合要求，导致农产品发生霉变，从而产生微生物或者生物毒素等有害物质，导致产品质量不符合标准要求。

（4）使用的添加剂等材料不符合国家有关强制性的技术规范，主要发生在农产品加工、储运环节，由于违规使用国家禁止使用的添加剂或超量使用等原因，造成农产品质量不符合国家标准要求。

（5）其他不符合农产品质量安全标准要求的一些理化指标。例如，大米中杂质含量超标，主要发生在加工环节，由于筛选、去石、磁选不彻底导致的。

【实际操作】

农业生产经营主体应确保具有质量安全问题的农产品得到识别和处

置，以防止其非预期的使用或消费。应编制相关文件控制程序，以规定质量安全问题产品识别和处置的有关责任、权限和方法。并保持所有程序的实施记录。

1. 实施预警反应计划和产品召回计划

当具有质量安全问题的产品进入流通市场后，农业生产经营主体应实施预警反应计划和产品召回计划。当发生食品安全事故或紧急情况时，应启动应急预案。

（1）预警反应计划　农业生产经营主体应采用适宜的方法和频次监视已放行产品的使用安全状况，包括消费者抱怨、投诉等反馈信息，根据监视的结果评价已放行产品中安全危害的状况，针对危害评价结果确定已放行产品在一定范围内存在安全危害的情况。农业生产经营主体应按以下要求制订并实施相应的预警反应计划，以防止安全危害的发生：

①识别确定安全危害存在的严重程度和影响范围。

②评价防止危害发生的防范措施的需求（包括及时通报所有受影响的相关方的途径和方式，以及受影响产品的临时处置方法）。

③确定和实施防范措施。

④启动和实施产品召回计划。

⑤根据产品和危害的可追溯性信息实施纠正措施。

（2）产品召回计划　农业生产经营主体应制订产品召回计划，确保受安全危害影响的放行产品得以全部召回，该计划应至少包括以下方面的要求：

①确定启动和实施产品召回计划人员的职责和权限。

②确定产品召回行动需符合的相关法律法规和其他相关要求。

③制定并实施受安全危害影响的产品的召回措施。

④制定对召回产品进行分析和处置的措施。

⑤定期演练并验证其有效性。

（3）应急预案　农业生产经营主体应识别、确定潜在的产品安全事故或紧急情况，预先制订应对的方案和措施，必要时作出响应，以减少产品可能发生安全危害的影响。应急预案的编制应包括以下主要内容：

①概述。简要说明应急预案主要内容包括哪些部分。

②总则。

（a）适用范围。说明应急预案适用的产品类别和事件类型、级别。

（b）编制依据。简述编制所依据的法律法规、规章，以及有关行业管理规定、技术规范和标准。

（c）工作原则。说明本单位应急工作的原则，内容简明扼要、明确具体。

③事件分级。根据可能导致的产品质量安全事件的性质、伤害的严重程度、伤害发生的可能性和涉及范围等因素对产品质量安全事件进行分级。

④风险描述。简述本企业的产品因质量问题可能导致人员物理、化学或生物危害的严重程度和可能性，主要危害类型，可能发生的环节以及可能影响的人群范围，可能产生的社会影响等。

⑤组织机构及职责。成立以企业负责人为组长、企业相关分管负责人为副组长，相关部门负责人等成员组成产品质量安全事件应急领导小组，并明确各组织机构及人员的应急职责和工作任务。

⑥监测与预警。

（a）信息监测。确定本企业产品质量安全事件信息监测方法与程序，建立消费者投诉、政府监管部门、新闻媒体等渠道信息来源与分析等制度以及信息收集、筛查、研判、预警机制，及时消除产品质量安全隐患。

（b）信息研判。根据获取的产品质量安全事件信息，开展事件信息核实，并对已核实确认的事件信息进行综合研判，确定事件的影响范围及严重程度，事件发展蔓延趋势等。

（c）信息预警。企业建立健全产品质量安全事件信息预警通报系统，建立产品质量安全事件报告制度，明确责任报告单位和人员、报告程序及要求。

⑦应急响应。

（a）响应分级。针对产品质量安全事件导致的危害程度、影响范围和本企业控制事态的能力，对产品质量安全事件应急响应进行分级，明确分级响应的基本原则。

（b）先期处理。企业先期派出人员到达事发地后，按照分工立即开展工作，随时报告事件处理情况，并根据需要开展抽样送检等相关工作。

（c）事件调查。

——企业组织开展事件调查，尽快查明事件原因。

——做好调查、取证工作，评估事态的严重程度及危害性。

——企业品管部门会同有关部门对事故的性质、类型进行技术鉴定，作出结论。

（d）告知及公告。需要进行忠告性通知时，企业可选择适宜的方式如电话、传真、媒体等方式发布。

（e）产品召回。实施产品召回，依据产品销售台账，及时对已召回或未销售流通的问题产品实施封存、限制销售等措施。

（f）赔偿。主动向因本企业产品质量问题导致的受伤害的人员进行赔偿，避免事件影响扩大。

（g）后期处理。产品质量安全事件应急处置结束后，企业应对质量安全事件的处理情况进行总结，分析原因，提出预防措施，提请有关部门追究有关人员责任。

⑧保障措施。通信与信息保障、队伍保障、经费保障、物资装备保障、其他保障。

⑨应急预案附件。可以包括术语解释、人员联系方式、规范文本、有关协议或备忘录等。

各农业生产经营主体应根据本单位的具体情况，按照应急预案的基本编制原则，编制符合本单位的切实可行的应急预案。产品预警反应计划包含在应急预案中的，可以不必单独列出。

2. 质量安全问题产品处置

农业生产经营主体应通过以下一种或几种途径处置质量安全问题产品：

（1）返工　通过调整生产加工设备的工艺参数或条件进行处理可达到标准要求的产品，可以通过返工得到安全产品。在质量安全问题产品返工得到纠正后，应对其再次进行验证，以证实其符合质量安全要求。

（2）转作其他安全用途　通过降级或降等的方式，食用农产品可以转作饲料或其他工业原料等。

（3）销毁　含有的质量安全问题不可消除，且无法转作其他安全用途的产品，必须销毁，不可作为追溯产品销售。

3. 应急预案演练示例

×××大米产品质量安全追溯应急预案演练（示例）

一、演练目的

通过本次大米产品质量安全事故应急演练，检验各部门在大米产品质量安全出现异常情况下应急处置工作的实际反应能力和运作效果，从而进一步完善产品质量安全应急体系，提高各小组成员处理突发事故的能力。

二、演练依据

《×××大米产品质量安全事件应急预案》及国家的相关法律法规。

三、职责

应急小组全面负责、各部门协助。

四、演练事件设置

2018年7月×日上午8时，某超市经销商反馈，消费者购买的我公司生产的2.5kg包装的×××牌大米，发现霉变现象，现已有1人来超市进行退货。

五、演练流程

（一）启动应急预案

1. 应急小组

8时10分，质量安全事故应急小组成员赵××接到通知后，立即向应急小组组长报告此事件。8时15分，应急小组组长刘××得知产品问题后，迅速召开会议进行指挥、部署，启动应急预案，追溯事故原因，并进行妥善处理。

2. 心理安抚小组

8时30分，小组成员李××、于××及时与消费者取得联系，并对消费者进行思想稳定工作，稳定消费者情绪。耐心解答消费者提出的问题，防止过激行为发生。

3. 现场处置组

组织小组成员对问题产品展开调查，并对消费者进行退货的大米进行封样留存。8时50分，小组成员乔××、韩××到达超市现场，询问消费者有没有食用发霉大米等相关情况。经查，消费者尚未进行食用，未对其身体造成危害。

4. 事故调查组

9时20分，小组成员王××、刘××、张××组成调查组，开始调查此次事故原因。由刘××利用问题产品的追溯码进行网络查询。

5. 后勤服务保障工作组

9时40分，后勤服务保障工作组开始及时对应急资金、应急车辆等进行调配，保证事故处理所需。9时50分，准备就绪。

各工作组在展开各项工作的同时，及时向指挥部通报情况，为组长的决策和下达指挥命令提供各项信息支持。

（二）网络追溯

9时40分，应急小组成员刘××通过产品追溯码查询得知，此大米产品为2018年3月20日生产，包装规格为2.5kg/袋，包装方式为真空包装，加工班组为×××加工班组，种植基地为×××农户组。销售日期为2018年4月2日，承运人赵××，运输方式为汽运，运输车辆车牌号×××××，销售去向为哈尔滨市某超市。

随后，将该结果传送一份至调查组。调查组根据追溯结果紧急分析产品的种植加工过程、时间、地点、相关人员以及采集的数据。

调查组从播种、施肥、施药、田间作业、加工等所有环节的电子和原始纸质记录进行比对，未发现数据错误、不一致、产品检测数据不合格等问题。

（三）实地调查

调查小组现场调查证实，消费者购买的×××牌大米，确系×××公司加工生产，追溯码为088×××××××××08，该批次产品销售于×××超市。超市购入100袋，包装规格为2.5kg/袋，合计250kg。目前已销售42袋。通过进一步查看超市仓库存储环境及库存大米质量情况，发现仓库湿度较大，询问当时承运人员，证实运输大米当日确有车厢尖锐物剐划情况，综合分析，证实事故发生的原因系运输过程中发生包装破损，加之存储环境潮湿，导致大米受潮霉变。

（四）问题处理

10时20分，调查组将调查结果报告应急领导小组。听取汇报后，应急领导小组作出如下决定：委派质量安全事故应急领导小组成员赵××与超市进行对接，对剩余的58袋问题产品进行下架并停止销售，对问题产品作出销毁或改作其他用途的处理。

产品召回：通过电视台通知、超市现场挂条幅和超市滚动广播等方式，召回已销售的同追溯码疑似问题产品。

（五）信息发布

向经销商通告事故原因，并要求经销商加强存储环境管理。同时要求加强运输车辆运仓检查，避免对成品包装造成损害，如有条件可铺设苫布进行保护，避免类似事件发生。

配合监管部门，通过媒体发布整个事件的调查结果，避免引起恐慌。

（六）应急处置总结报告

该事故是由于运输过程中外力作用导致真空包装破损漏气，加之存储环境湿度较大致使大米发生霉变。在这起事故中暴露了产品销售过程监管不到位，责任意识不强，使产品品牌、企业形象受到影响；质量安全体系不够健全，监督措施落实不到位。

六、经验总结

（一）应急演练过程中存在的问题

个别部门工作效率低、部门协调性差、程序混乱等问题。

（二）建议

进一步加强领导，切实提高对应急反应工作的认识。进一步加强培训，全面提高应急反应工作水平及能力。

11 时 10 分，应急领导小组组长刘××对应急预案演练进行了点评。

11 时 15 分，整个演习结束。

ICS 67.040
X 09

中华人民共和国农业行业标准

NY/T 1765—2009

农产品质量安全追溯操作规程
谷　　物

Operating rules for quality and safety traceability
of agricultural products—Cereal

2009-04-23 发布

2009-05-22 实施

中华人民共和国农业部　发布

前 言

本标准由中华人民共和国农业部农垦局提出并归口。

本标准起草单位：中国农垦经济发展中心、农业部食品质量监督检验测试中心（佳木斯）。

本标准主要起草人：杨培生、王南云、鞠洪文、韩学军、王海川、王生、钟明学。

农产品质量安全追溯操作规程　谷物

1　范围

本标准规定了谷物质量安全追溯术语和定义、要求、信息采集、信息管理、编码方法、追溯标识、系统运行自检和质量安全应急。

本标准适用于稻米、麦类、玉米、粟、高粱的质量安全追溯。

2　规范性引用文件

下列文件中的条款通过本标准的引用而成为本标准的条款。凡是注日期的引用文件，其随后所有的修改单（不包括勘误的内容）或修订版均不适用于本标准，然而，鼓励根据本标准达成协议的各方研究是否可使用这些文件的最新版本。凡是不注日期的引用文件，其最新版本适用于本标准。

NY/T 1761　农产品质量安全追溯操作规程　通则

3　术语和定义

NY/T 1761 确立的术语和定义适用于本标准。

4　要求

4.1　追溯目标

追溯的谷物可根据追溯码追溯到各个生产、加工、流通环节的产品、投入品信息及相关责任主体。

4.2　机构或人员

追溯的企业、组织或机构应指定机构与人员负责追溯的组织、实施、监控和信息的采集、上报、核实及发布等工作。

4.3　设备

追溯的谷物生产企业、组织或机构应配备必要的计算机网络设备、条码识读设备、非接触扫描设备、条码打印设备和软件系统等，以满足追溯要求。

4.4　管理制度

追溯的谷物生产企业、组织或机构应制定产品质量安全追溯工作规范、信息采集规范、信息系统维护和管理规范、质量安全问题处置规范等相关制度，并组织实施。

5　编码方法

5.1　种植环节

5.1.1　产地编码

按 NY/T 1761 的规定执行。地块编码档案至少包括以下信息：区域、面积、产地环境等。

5.1.2　种植者编码

生产、管理相对统一的种植户、种植组统称为种植者，应对种植者进行编码，并建立种植者编码档案。种植者编码档案至少包括以下信息：姓名或户名、组名、种植区域、种植面积、种植品种。

5.1.3　收获者编码

生产、管理相对统一的收获户、收获组统称为收获者，应对收获者进行编码，并建立编码档案。编码档案至少包括以下信息：收获者姓名或户名、组名、收获数量、收获区域、收获面积、收获品种、收获质量。

5.2　加工环节

5.2.1　收购批次编码

应对收购批次编码，至少包括以下信息：数量、收购标准。

5.2.2　加工批次编码

应对加工批次编码，至少包括以下信息：加工工艺或代号。

5.2.3　包装批次编码

应对包装批次编码，至少包括以下信息：谷物等级、产品检测结果。

5.2.4　分包设施编码

应对分包设施编码，至少包括以下信息：位置、防潮状况、卫生条件。

5.2.5　分包批次编码

应对分包批次编码，并记录大包装追溯编号，形成小包装追溯编号，分包后产品库存设施编码。

5.3　储运环节

5.3.1　储藏设施编码

应对储藏设施按照位置编码，至少包括以下信息：位置、通风防潮状况、环境卫生安全。

5.3.2 储藏批次编码

应对储藏批次编码，并记录入库产品来自的运输批次或逐件记录。

5.3.3 运输设施编码

应对运输设施按照位置编码，至少包括以下信息：防潮状况、环境卫生安全。

5.3.4 运输批次编码

应对运输批次编码，并记录运输产品来自的存储设施或包装批次或逐件记录。

5.4 销售环节

5.4.1 出库批次编码

应对出库批次编码，并记录出库产品来自的库存设施或逐件扫描记录。

5.4.2 销售编码

销售编码可用以下方式：

——企业编码的预留代码位加入销售代码，成为追溯码。

——在企业编码外标出销售代码。

6 信息采集

6.1 产地信息

产地编码、种植者档案、产地环境监测，包括取样地点、时间、监测机构、监测结果等信息。

6.2 原粮储藏信息

原粮储藏信息、交收检验小样信息，包括其分级、储存位置、储存时间、储存环境等信息。

6.3 加工包装信息

加工包装批次、加工包装日期、加工包装设施、投入品来源与使用剂量、包装材质来源、包装规格等信息。

6.4 产品储藏信息

库号、日期、设施、环境条件、保管员等信息。

6.5 产品运输信息

产品、运输工具、环境条件、日期、起止地点、数量等信息。

6.6 产品销售信息

分销商、零售商、进货时间、上市时间等信息。

6.7 产品检验信息

产品来源、检测日期、检测机构、检验结果等信息。

7　信息管理

7.1　信息存储

企业（组织或机构）应建立信息管理制度。对纸质记录应及时归档，电子记录应每2周备份一次，所有信息档案应保存2年以上。

7.2　信息传输

各环节操作结束时，应及时通过网络、纸质记录等以代码形式传递给下一环节，企业编辑后将质量安全追溯信息传输到指定机构。

7.3　信息查询

应建立以互联网为核心的追溯信息发布查询系统，信息分级发布。鼓励企业（组织或机构）建立质量安全追溯的短信、语音和网络查询终端。内容至少包括种植者、产品、产地、加工企业、批次、质量检验结果、产品标准。

8　追溯标识

按 NY/T 1761 的规定执行。

9　体系运行自查

按 NY/T 1761 的规定执行。

10　质量安全应急

按 NY/T 1761 的规定执行。